工厂化循环水绿色智能
高效管控技术

申 渝　周月明　杨军超　齐高相　陈猷鹏　著

U0249572

科 学 出 版 社

北 京

内 容 简 介

本书面向智慧水产养殖领域,从基础设施建设、循环水处理技术、有益微生物与病害控制、智能管控技术等方面阐述了智慧渔场的整体解决方案,详细分析了近 10 年国内外循环水养殖模式的应用与实践。全书兼具指导性、资料性和实践性,可为今后建立适用于中国国情的工厂化循环水养殖模式及管控技术提供参考。

本书可供高等院校计算机、智能控制、管理科学与工程、水处理、水产养殖等专业师生及相关研究院所的研究人员学习参考,也可以为智慧渔场领域的设计人员、建设人员、管理人员、技术人员提供指导。

图书在版编目(CIP)数据

工厂化循环水绿色智能高效管控技术 / 申渝等著. —北京:科学出版社,
2022.10

ISBN 978-7-03-071360-5

Ⅰ. ①工… Ⅱ. ①申… Ⅲ. ①智能技术—无污染技术—应用—工业用水—循环水—水产养殖 Ⅳ. ①S96

中国版本图书馆 CIP 数据核字(2022)第 013121 号

责任编辑:肖慧敏 / 责任校对:彭 映
责任印制:罗 科 / 封面设计:墨创文化

科 学 出 版 社 出版

北京东黄城根北街 16 号
邮政编码:100717
http://www.sciencep.com

成都锦瑞印刷有限责任公司 印刷

科学出版社发行 各地新华书店经销

*

2022 年 10 月第 一 版 开本:787×1092 1/16
2022 年 10 月第一次印刷 印张:12 1/2
字数:297 000

定价:108.00 元

(如有印装质量问题,我社负责调换)

前　言

　　工厂化循环水养殖系统，集中了多种设施、设备及技术手段，使水产品处于一个相对可控的生活环境中，是一种高强度生产状态的养殖系统。国外一般称为循环水养殖系统，主要特征是水体的循环利用。不同于普通的工厂化养殖，工厂化循环水养殖通过综合运用机械、电子、化学、自动化信息技术等先进技术和工业化手段，控制养殖生物的生活环境，进行科学管理，从而摆脱土地、水等自然资源的限制，是一种高密度、高单产、高投入、高效益的养殖方式。工厂化循环水养殖的实质是养殖生产的工业化，其生产过程可控，可以跨季节养殖，产品像工业品一样可以有计划地均衡上市。

　　工厂化循环水养殖模式始于 20 世纪 60 年代，于 20 世纪 70 年代传入我国，北京市水产科学研究所、上海市水产研究所和中国水产科学研究院渔业机械仪器研究所等最先跟踪研究。20 世纪 80 年代，国外的工厂化循环水养殖设施和技术开始进入中国，当时各地花巨资引进了联邦德国和丹麦共约 30 套循环水养殖设施，但由于高昂的投入和运行成本，这些设施很快便被束之高阁。1988 年，中国水产科学研究院渔业机械仪器研究所在吸收消化国外技术的基础上，设计了国内第一个生产性的工厂化循环水养殖车间，使得北方冬季的吃鱼问题得到很大改善。20 世纪 90 年代，全国各地兴建了很多水产养殖示范区，建立了一批淡水鱼类工厂化循环水养殖系统，进行苗种繁殖生产，所得苗种质量高、单位产值高。

　　进入 21 世纪，随着城镇化、工业化的不断推进，土地资源不断减少，水资源日益短缺，养鱼环境和水质变差使食用鱼的安全性日益受到关注，发展节水型无公害的工厂化养殖技术成为主要的战略方向。科研人员开发了一系列先进的养殖设施及水处理技术，工厂化循环水养殖模式进入快速发展阶段。目前在欧洲等地区的发达国家，商业化的成鱼和育苗系统已经全部采用循环式工厂化生产模式，这些国家的设施化循环生产系统日补水量仅为系统总水量的 5%，与传统的流水养殖模式相比，可节水 90% 以上，养殖承载量也达到了 $10kg/m^3$ 以上。

　　目前，国内循环水养殖模式已在高附加值鱼类如半滑舌鳎、大菱鲆、石斑鱼、红鳍东方鲀、虹鳟等品种上有很好的应用，国外主要应用于大西洋鲑、虹鳟、欧洲鳗、暗斑梭鲈、红点鲑、鲟、尼罗罗非鱼，该养殖模式创造了巨大的商业利润。除了鱼类之外，工厂化循环水养殖模式已经越来越多地应用于虾类、刺参、贝类等品种。欧洲龙虾、凡纳滨对虾、九齿团虾、梭子蟹、皱纹盘鲍、东方牡蛎、佛罗里达苹果螺等均在循环水养殖模式中进行了很好的尝试与应用，只是养殖规模和养殖效率还有待提高。

　　我国水产养殖产量约占世界总产量的 80%，已成为世界上水产养殖规模最大的国家。近 30 年来，全世界共有 1403 篇涉及循环水养殖的 SCI 文章，而我国发表相关学术论文仅508 篇，国内的研究基础相对薄弱，研究力量还不够充足。但我国的科研工作者正努力紧跟国际前沿，并结合中国的产业特点和实际情况，不断地探索与进步。

在此背景下，本书系统地梳理了工厂化养殖的发展历程，从工厂化循环水养殖设施基础建设、工厂化循环水养殖技术、微生态水产养殖调控技术、智能控制技术及工程实例四个大方向，全方位阐述了工厂化循环水养殖的技术要点，包括科学的场地设计、合理的设备组合、高效的水质净化系统、合理的饲料投喂策略、适宜的养殖密度、精准的养殖管理、智能化的全流程监控等，以期为提升我国水产养殖的精准性、科学性，提高管理效率，提升对养殖过程的管控能力和产品安全的可追溯性，推进水产养殖业向着核心装备国产化、水处理工艺成熟化、养殖管理科学化等方向发展，形成"装备工程化、技术现代化、生产工厂化、管理智能化"的新型渔业生产体系提供理论支撑。

本书分为四篇，共 11 章，第 1~2 章由申渝教授牵头撰写；第 3 章由齐高相博士、陈猷鹏教授牵头撰写；第 5~9 章由周月明博士牵头撰写；第 4 章和第 10~11 章由杨军超博士牵头撰写。同时感谢张玮、申静、刘玮、贾璐璐、杨金汇、王小波、吴昊峰、程绪红、赵度江等研究生，他们参与了本书的文献检索和资料收集与整理工作。

本书由国家自然科学基金面上项目（项目编号：52070031）、重庆市自然科学基金面上项目（项目编号：cstc2020jcyj-msxmX0721）、重庆市教育委员会科学技术研究项目（项目编号：KJQN202000810）、重庆市教委雏鹰计划研究项目第十期（项目编号：CY210806）资助完成，同时得到重庆南向泰斯环保技术研究院和重庆工商大学智能制造服务国际科技合作基地的支持。

工厂化循环水养殖作为一种代表未来发展方向的养殖方式，日益受到人们的关注和认可，但其内在的特点和中国现阶段的国情决定了其发展的曲折性和复杂性。因此，同许多重要产业一样，其发展需要依托政策、科技和社会等力量多管齐下，共同推进。总之，我国工厂化循环水养殖任重道远，需要更多的科研人员前仆后继，不懈努力。由于作者水平有限，书中难免有疏漏之处，敬请广大读者批评指正。

作　者

2021 年 10 月于重庆

目　　录

第一篇　工厂化循环水养殖设施基础建设

第1章　工厂化循环水养殖概念··3
  1.1　工厂化循环水养殖的含义···3
    1.1.1　工厂化循环水养殖···3
    1.1.2　工厂化循环水养殖系统···6
  1.2　工厂化循环水养殖的特点···8
    1.2.1　工厂化循环水养殖的生产特点···································8
    1.2.2　现阶段我国工厂化养殖的主要特点·······························9
  1.3　工厂化循环水养殖的发展历程···11
    1.3.1　国内外工厂化循环水养殖的发展历程·····························11
    1.3.2　工厂化循环水养殖的发展趋势·····································13
  参考文献···15
第2章　工厂化养殖场规划与车间设计···16
  2.1　工厂化养殖场场址选择···16
    2.1.1　地形、底质的选择···16
    2.1.2　水的选择···17
    2.1.3　光照与通风···17
  2.2　工厂化养殖系统规划设计···17
  2.3　场区总体布置···18
  2.4　养殖场高程设计···19
  2.5　养殖车间的形式与结构···19
  2.6　养殖车间的采光与通风···19
  2.7　养殖车间的保温与采暖···20
  参考文献···20
第3章　工厂化循环水养殖设备组成及功能·····································21
  3.1　养殖池设计及功能···21
    3.1.1　养殖池的构建材料···21
    3.1.2　水泥养殖池设计···22
  3.2　机械过滤···23
    3.2.1　离心分离器···23
    3.2.2　机械式微滤机···23

　　3.2.3　弧形筛 ·· 24

　　3.2.4　自然沉淀 ··· 24

　3.3　生物滤池 ··· 24

　　3.3.1　生物滤池类型 ··· 24

　　3.3.2　生物滤池的处理技术 ·· 25

　　3.3.3　生物滤池的影响因素 ·· 25

　3.4　蛋白质分离装置 ··· 26

　3.5　消毒装置 ··· 27

　　3.5.1　紫外线消毒 ··· 27

　　3.5.2　臭氧消毒 ··· 27

　　3.5.3　有害气体去除 ··· 28

　3.6　增氧装置 ··· 28

　　3.6.1　空气增氧 ··· 29

　　3.6.2　纯氧增氧 ··· 29

　　3.6.3　微气泡增氧 ··· 29

　参考文献 ··· 30

第二篇　工厂化循环水养殖技术

第4章　工厂化循环水处理技术 ·· 33

　4.1　悬浮物去除技术 ··· 33

　　4.1.1　沉淀分离技术 ··· 33

　　4.1.2　微网过滤技术 ··· 36

　　4.1.3　介质过滤技术 ··· 36

　　4.1.4　蛋白质分离技术 ··· 37

　4.2　可溶性污染物去除技术 ··· 37

　　4.2.1　生物滤池处理技术 ·· 37

　　4.2.2　生物膜处理技术 ··· 39

　　4.2.3　人工湿地处理技术 ·· 41

　4.3　循环水消毒技术 ··· 42

　　4.3.1　紫外线消毒技术 ··· 42

　　4.3.2　臭氧消毒技术 ··· 42

　　4.3.3　负氧离子消毒技术 ·· 42

　4.4　循环水增氧技术 ··· 43

　　4.4.1　氧气输送的重要性 ·· 43

　　4.4.2　空气源增氧系统 ··· 43

　　4.4.3　纯氧源增氧系统 ··· 43

　参考文献 ··· 44

第5章　工厂化水产品养殖模式 ································· 45
  5.1　工厂化海水养殖模式 ································· 45
    5.1.1　石斑鱼养殖模式 ································· 45
    5.1.2　南美白对虾养殖模式 ························· 47
    5.1.3　海蜇养殖模式 ································· 49
    5.1.4　海马养殖模式 ································· 52
    5.1.5　刺参养殖模式 ································· 54
  5.2　工厂化淡水养殖模式 ································· 56
    5.2.1　罗非鱼养殖模式 ································· 56
    5.2.2　加州鲈鱼养殖模式 ························· 58
    5.2.3　鲟鱼养殖模式 ································· 60
    5.2.4　鳗鱼养殖模式 ································· 61
  参考文献 ································· 62

第三篇　微生态水产养殖调控技术

第6章　有益微生物分类及作用机制 ················· 67
  6.1　有益微生物制剂概况 ································· 67
    6.1.1　有益微生物制剂的定义 ················· 67
    6.1.2　有益微生物制剂的研发现状 ············· 68
  6.2　蛭弧菌 ································· 69
    6.2.1　蛭弧菌的生物学特性 ················· 69
    6.2.2　蛭弧菌的作用机理 ················· 73
    6.2.3　蛭弧菌在水产养殖业中的应用 ············· 73
  6.3　光合细菌 ································· 75
    6.3.1　光合细菌的生物学特性 ················· 75
    6.3.2　光合细菌的作用机理 ················· 76
    6.3.3　光合细菌在水产养殖业中的应用 ··········· 76
  6.4　硝化细菌 ································· 78
    6.4.1　硝化细菌的生物学特性 ················· 79
    6.4.2　硝化细菌的作用机理 ················· 80
    6.4.3　硝化细菌在水产养殖业中的应用 ··········· 80
  6.5　反硝化细菌 ································· 81
    6.5.1　反硝化细菌的生物学特性 ················· 81
    6.5.2　反硝化细菌的作用机理 ················· 82
    6.5.3　反硝化细菌在水产养殖业中的应用 ········· 82
  6.6　芽孢杆菌 ································· 83
    6.6.1　芽孢杆菌的生物学特性及分类 ············· 83

6.6.2　芽孢杆菌的作用机理 ·· 85

6.6.3　芽孢杆菌在水产养殖业中的应用 ····························· 86

6.7　乳杆菌 ··· 86

6.7.1　乳杆菌的生物学特性 ·· 87

6.7.2　乳杆菌的作用机理 ··· 88

6.7.3　乳杆菌在水产养殖业中的应用 ································· 88

6.8　酵母菌 ··· 89

6.8.1　酵母菌的生物学特性 ·· 89

6.8.2　酵母菌的作用机理 ··· 89

参考文献 ·· 90

第7章　有益微生物的功能与应用现状 ···································· 92

7.1　工厂化养殖水环境参数 ·· 92

7.1.1　pH ·· 92

7.1.2　氨氮 ·· 92

7.1.3　亚硝酸盐 ··· 93

7.1.4　溶解氧 ·· 94

7.1.5　化学需氧量 ·· 94

7.1.6　温度 ·· 94

7.1.7　硬度与钙镁离子 ··· 94

7.1.8　碱度与碳酸氢根、碳酸根离子 ·································· 95

7.2　有益微生物与循环水水质 ··· 97

7.2.1　微生物制剂对氮素的去除 ······································ 97

7.2.2　微生物制剂对 COD 的去除 ···································· 97

7.3　有益微生物与水产品健康 ··· 97

7.3.1　有益微生物制剂对水产养殖动物疾病防治的作用机理 ········ 98

7.3.2　有益微生物与水产动物生长的关系 ····························· 100

7.4　复合有益微生物制剂种类 ·· 101

7.4.1　微胶囊益生净水复合菌 ·· 101

7.4.2　益生菌 ·· 102

7.4.3　生力菌 ·· 102

7.4.4　生物抗菌肽 ·· 102

7.5　有益微生物制剂的生产与应用管理 ································ 102

7.5.1　有益微生物制剂的生产 ·· 102

7.5.2　有益微生物制剂的应用原则 ···································· 103

7.5.3　有益微生物制剂的管理体制 ···································· 105

参考文献 ··· 107

第8章　工厂化循环水养殖病害及其防治技术 ······················· 108

8.1　病害特点 ··· 108

8.2　发病原因 ·· 109
　　8.2.1　真菌 ··· 109
　　8.2.2　细菌 ··· 109
　　8.2.3　寄生虫 ·· 109
　　8.2.4　病毒 ··· 110
　　8.2.5　有毒有害物质 ·· 110
　　8.2.6　其他因素 ·· 111
8.3　工厂化养殖鱼类常见疾病 ·· 111
　　8.3.1　真菌性疾病 ·· 111
　　8.3.2　细菌性疾病 ·· 112
　　8.3.3　寄生虫疾病 ·· 117
　　8.3.4　病毒性疾病 ·· 117
　　8.3.5　其他疾病 ·· 120
8.4　工厂化虾类养殖常见疾病 ·· 121
　　8.4.1　白斑病 ·· 121
　　8.4.2　传染性皮下和造血器官坏死病 ·· 121
　　8.4.3　肝胰脏细小病毒病 ·· 122
　　8.4.4　陶拉综合征病毒病 ·· 122
　　8.4.5　红腿病 ·· 123
　　8.4.6　鳃类细菌病 ·· 123
　　8.4.7　烂眼病 ·· 124
　　8.4.8　烂尾病 ·· 124
　　8.4.9　褐斑病 ·· 125
　　8.4.10　镰刀菌病 ··· 125
　　8.4.11　幼体真菌病 ··· 126
　　8.4.12　固着类纤毛虫病 ·· 127
　　8.4.13　肝肠孢子虫病 ·· 127
8.5　工厂化养殖的病害防治 ·· 128
　　8.5.1　提早预防 ·· 128
　　8.5.2　苗种检疫 ·· 129
　　8.5.3　药物防治 ·· 129
　　8.5.4　疫苗防治 ·· 129
　　8.5.5　工厂化水产养殖防控理念 ·· 130
参考文献 ·· 130
第9章　生物絮团技术的调控方法及应用 ·· 131
9.1　生物絮团技术概述 ·· 131
　　9.1.1　生物絮团技术产生的背景 ·· 131
　　9.1.2　生物絮团的组成 ·· 132

　　9.1.3　生物絮团技术的发展历程 ·· 132
　　9.1.4　生物絮团技术的应用原理 ·· 133
9.2　生物絮团在水产养殖中的作用 ·· 133
　　9.2.1　生物絮团对养殖水质的净化作用 ·· 133
　　9.2.2　生物絮团对饲料营养的再利用 ·· 133
　　9.2.3　生物絮团对养殖对象的生物防治作用 ····································· 134
9.3　生物絮团在工厂化养殖中的调控与管理技术 ·································· 135
　　9.3.1　生物絮团在工厂化养殖中的调控技术 ····································· 135
　　9.3.2　生物絮团在工厂化养殖中的管理技术 ····································· 137
9.4　生物絮团技术在工厂化水产养殖中的应用 ····································· 138
　　9.4.1　南美白对虾养殖 ··· 138
　　9.4.2　罗非鱼养殖 ··· 140
　　9.4.3　大菱鲆养殖 ··· 141
　　9.4.4　石斑鱼养殖 ··· 141
　　9.4.5　加州鲈养殖 ··· 142
　　9.4.6　生物絮团技术存在的问题及展望 ··· 143
参考文献 ··· 143

第四篇　智能控制技术及工程实例

第 10 章　工厂化循环水养殖的智能管控技术 ···································· 147
10.1　水质指标自动检测系统 ·· 147
　　10.1.1　养殖环境参数的选择 ·· 147
　　10.1.2　自动检测系统 ··· 148
10.2　摄食行为识别 ·· 149
10.3　自动喂食系统 ·· 152
　　10.3.1　基于循环水养殖的智能喂食系统 ··· 152
　　10.3.2　基于小程序设定的自动喂食系统 ··· 154
10.4　循环水智能控制系统 ·· 156
　　10.4.1　水循环及过滤 ··· 157
　　10.4.2　水质监测及设备控制 ·· 157
　　10.4.3　生物反应器 ··· 158
　　10.4.4　温控 ··· 159
　　10.4.5　应急处理模块 ··· 159
参考文献 ··· 159
第 11 章　国内外工厂化循环水养殖系统案例 ···································· 161
11.1　国内工厂化循环水养殖系统案例 ·· 161
　　11.1.1　鲆鲽类养殖系统 ·· 161

11.1.2　南美白对虾养殖系统 ···································· 164

11.1.3　大菱鲆养殖系统 ··· 168

11.1.4　海参养殖系统 ··· 170

11.1.5　罗非鱼养殖系统 ··· 172

11.1.6　石斑鱼养殖系统 ··· 175

11.1.7　中华鲟养殖系统 ··· 177

11.1.8　半滑舌鳎养殖系统 ······································· 178

11.1.9　鲍鱼养殖系统 ··· 181

11.2　国外工厂化循环水养殖系统案例 ····························· 185

11.2.1　美国 ··· 185

11.2.2　丹麦 ··· 185

11.2.3　挪威 ··· 186

11.2.4　荷兰 ··· 186

11.2.5　日本 ··· 187

参考文献 ··· 187

第一篇　工厂化循环水养殖设施基础建设

第1章 工厂化循环水养殖概念

工厂化循环水养殖是过去 40 年来在废水处理和水产养殖技术基础上逐步发展起来的一门新型的高效养殖技术。与其他类型的现代水产养殖生产方式相比，工厂化循环水养殖系统（recirculating aquaculture system，RAS）目前的养殖规模还相对较小。但在过去的 20 年里，随着其节水、节地、高密度集约化、排放可控等优势日渐凸显，其市场接受度和规模不断增加，工厂化循环水养殖技术得以快速发展。

1.1 工厂化循环水养殖的含义

1.1.1 工厂化循环水养殖

工厂化循环水养殖是指集现代工业技术于一体的工厂化、集约化养殖，反映了水产养殖从农业化向工业化转变的过程。工厂化循环水养殖车间如图 1-1 所示。狭义的工厂化循环水养殖是指半封闭式或陆基封闭式的循环水系统养殖；广义的工厂化循环水养殖则涵盖了大塘循环水养殖、现代化深水网箱、陆基工厂、海洋牧场等生产模式[1]。工厂化循环水养殖利用的是现代化科学技术（包括生物学、机械工程学、水处理化学、机电工程学、现代电子信息学、现代建筑学等），通过科学控制养殖生物的生存环境，使养殖生物始终保持着良好的生长状态。工厂化循环水养殖模式不仅能避免传统养殖方式的弊病，减少对水的依赖以及对环境的污染，还能提高养殖生物的成活率，提高其产量和品质，实现绿色养殖[2]。

图 1-1 工厂化循环水养殖车间

1. 工厂化循环水养殖的必要性

　　工厂化循环水养殖的特点是占地面积小、生产效率高、污染少、排放少，是一种高单产、高密度、高投入、高回报的养殖方式，正好符合现代化水产养殖业结构调整的需要。我国是一个淡水资源十分匮乏的国家，传统的粗放型养殖不仅占地面积大、易受环境影响、难以实现可持续发展，而且耗水量大，不利于我国在世界范围内展开生存竞争，因此发展无污染养殖和节水产业模式是我国水产养殖必然的战略选择。工厂化循环水养殖与传统养殖方式相比，可以利用颗粒物去除技术、池型综合设计规划技术、人工湿地技术、高效增氧技术等循环高效利用养殖用水，比传统养殖方式节水 60%～80%，且能显著改善水质。因此，集约型的工厂化循环水养殖是我国实现现代化水产养殖的必然选择，也是我国农业实现现代化的突出表现形式。如今，工厂化循环水养殖作为 21 世纪水产养殖发展方向主导生产模式的代表之一[3]，正在由封闭式工厂化养殖向着高产、稳产、产业化、科学化方向发展。

2. 工厂化循环水养殖的系统

1）简易型工厂化循环水养殖模式

　　目前，国内常见的工厂化循环水养殖系统为简易型，其流程图如图 1-2 所示，主要由养殖池、水处理单元、辅助单元三个部分构成。其水处理工艺流程主要包括弧形筛过滤、蛋白质分离、生物滤池过滤、紫外线灭菌等。简易型工厂化循环水养殖系统的优势在于设备成本低、能耗低，基本符合鱼类养殖条件。但这种循环水养殖系统在设施和技术上均处于初级阶段，系统部分功能不能完全符合循环水养殖标准（如在物理处理中所采用的弧形

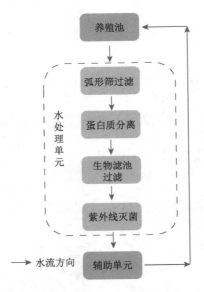

图 1-2　简易型工厂化循环水养殖系统流程图

筛对粒径小于 60μm 的杂质的过滤能力就明显不足），且该系统易受自然因素的影响，养殖生物易爆发疾病，从而造成巨大的经济损失[4]。

2）普通型工厂化循环水养殖系统

普通型工厂化循环水养殖系统主要由养殖池、水处理、水质监测、水质调控四个部分构成，目前在我国渤海湾地区比较常见，其流程图如图 1-3 所示。该系统明显比简易型工厂化循环水养殖系统更加先进，在物理处理、生物处理方面均有明显进步，也能有效地处理细小悬浮性颗粒（粒径＜60μm）。此外，在消毒方面，普通型工厂化循环水养殖系统对养殖水体采用臭氧进行消毒，对水体中有机质、氨氮的去除有提升效果[4]。

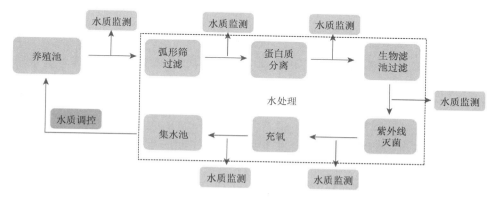

图 1-3 普通型工厂化循环水养殖系统流程图

3）高端型工厂化循环水养殖系统

高端型工厂化循环水养殖系统具有设施设备技术含量高、自动化程度高、能耗高的特点，目前在国内比较少见，只有渤海湾沿岸地区及青岛等地区的一小部分企业拥有该类型系统。其主要由养殖池、水处理、水质监测和水质调控构成，流程图如图 1-4 所示。该系统完善了简易型、普通型工厂化循环水养殖系统中设施设备的缺陷和不足，极大地提高了养殖效率，是工厂化循环水养殖系统的发展趋势[4]。

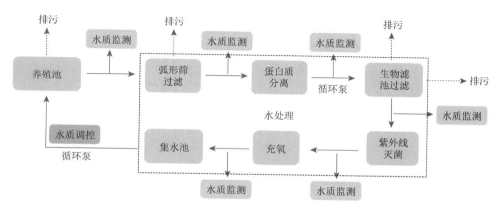

图 1-4 高端型工厂化循环水养殖系统流程图

3．工厂化循环水养殖的主要品种和产量

1）欧美国家

工厂化循环水养殖自诞生以来，一直处于领先地位的是欧美发达国家。在国外，工厂化养殖最早发展的是鲤鱼和鲑鳟鱼类（如虹鳟）养殖，淡水养殖种类还包括鲟鱼、鳗鲡、赤眼鳟鱼、丁鲹、河鲈、梭鲈鱼、鲇鱼、罗非鱼等。在 20 世纪 90 年代，工厂化养殖的品种已非常丰富，有几十种。欧美国家的养殖品种主要为欧洲鲷、欧洲鲈、大西洋鲑，2000 年欧洲鲷和欧洲鲈产量分别为 14 万 t 和 18 万 t[3]，2004～2005 年，大西洋鲑产量达 124.5 万 t。在欧洲目前大菱鲆养殖规模较大的国家是西班牙，2001 年其产量超过 4000t，2006 年其产量接近8000t。

2）亚洲国家

亚洲国家的工厂化循环水养殖以中、日、韩三国为代表，主要养殖鲽、鲆、鲷、鲈、鲀、大黄鱼、美国红鱼、军曹鱼、鰤、石斑鱼等。可根据沿海一带生态条件的不同来匹配品种，其中南方沿海以养殖美国红鱼、大黄鱼、军曹鱼、鰤、石斑鱼等为主，北方沿海以养殖鲷、鲆、鲽、鲀等为主[3]。

我国工厂化淡水养殖的种类主要有中华鳖、鳗鱼、鲑鳟、鲟鱼等；海水养殖的种类主要有牙鲆、大菱鲆等鲆鲽类（后备养殖的品种有塞内加尔鳎、半滑舌鳎、漠斑牙鲆、大西洋牙鲆、圆斑星鲽等）以及鲍鱼、石斑鱼等。2003 年，全国工厂化养殖水体面积达 3300 万 m^2，产量约 12 万 t，其中淡水水产品的产量约 8 万 t，主要集中在福建、浙江、江苏；海水水产品产量约 4 万 t，以山东和广东为主。山东的工厂化养殖近几年发展较快，养殖面积至少占全国养殖面积的 80%，以养殖大菱鲆和牙鲆为主。从 1993 年开始，中国台湾从丹麦引进自动化超集约循环水养鳗系统约 10 套，养鳗工厂于 1999 年就已达到 12 家，其年产量最高可达 500t，单产约 $100kg/m^3$，是世界工厂化养鳗的先进地区之一[3]。

1.1.2　工厂化循环水养殖系统

工厂化循环水养殖系统（图 1-5）将流体力学、生物学、信息学、环境工程学等多种学科的知识融合在一起，是一个多领域、多学科技术交叉，且具有较高技术含量的系统[4]。工厂化循环水养殖系统通过工业化手段主动控制水环境，具有环境污染小、水资源消耗少、病害少、占地少、养殖密度高、产品优质安全、养殖生产不受气候和地域的影响和限制、资源利用率高等优点，是高投高产、低风险实现水产养殖业可持续发展的重要途径。工厂化循环水养殖系统对保护环境、改进我国水产养殖模式都具有非常重要的历史和现实意义。相比传统室外养殖法，循环水养殖系统生产 1kg 鱼可节省约 30t 水，且养殖密度可提升 35～50 倍[5]。

1．工厂化循环水养殖系统设施技术

工厂化循环水养殖产业是一项资本密集型产业，需要投入大量的资金并引入先进的技术和设备，其中水处理技术是发展循环水养殖的关键。养殖废水属于微污染水，其循环利用对生产过程中的水质处理技术要求较高，水质处理包括物理、化学、生物等方面。一般利用微滤机过滤、泡沫分离、弧形筛过滤、生物滤池过滤、臭氧消毒、加热恒温、紫外线灭菌、纯氧增氧等技术对废水进行处理[6]。

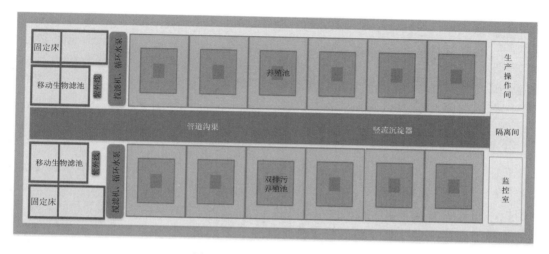

图 1-5　工厂化循环水养殖系统

1）水处理技术

首先，细颗粒物是循环水养殖系统中的主要固体成分，粒径小于 30μm 的颗粒物占培养水中总悬浮物的 90%以上。循环水养殖系统的养殖水中 94%以上的固体颗粒粒径小于 20μm，这对水产生物的生长非常不利。固体颗粒不仅会造成鱼鳃局部窒息，危害鱼类的健康，而且还提供了致病微生物的栖息地，降低硝化反应的速率以及增加溶解氧（dissolved oxygen，DO）的消耗量[6]。因此，去除固体颗粒是水处理技术中必不可少的环节。通常，粒径较大（>60μm）的颗粒可以通过机械过滤、弧形筛过滤、离心分离等技术去除；粒径较小（<60μm）的细小悬浮性颗粒，通常采用泡沫分离技术去除。

其次，在大多数循环水养殖系统中，氨氮、NO_3^-（硝化作用的最终产物）等有毒物质容易积累。一般鱼类养殖水体对氨氮浓度的要求是不高于 1mg/L。通常，有毒物质的积累可以通过稀释（在系统中引入新的水）来控制。在循环水养殖系统中，主要通过生物过滤技术来解决这个问题，其中可通过兼性厌氧菌在碳和生物作为电子供体的情况下，利用异化途径将 NO_3^- 转化为 N_2。

再次，循环水养殖系统中存留的残饵和腐败的有机物会滋生细菌和病毒，影响水产生物的健康生长，因此需要对系统进行消毒，目前主要的消毒方式为紫外线消毒和臭氧（O_3）消毒。两者联合使用，效果更好。

最后，DO 是水产养殖生物以及微生物必不可少的生存条件，DO 的高低是水质好坏的重要指标。DO 不仅对鱼类的生长有直接影响，还会影响水中化学物质的存在形态和饵料生物的生长，进而间接地影响鱼类的养殖。因此，增氧技术在循环水养殖系统中举足轻重，常见的有空气增氧、纯氧增氧、微气泡增氧等技术。

2）水质监测技术

循环水养殖系统不仅需要完善的水处理设施及成熟的水处理工艺，还需要科学的管理，实时监测水质情况。水质监测一般是通过计算机终端实时发布监测指令，实施监测，监测结果会被系统自动地记录并分析，以实现整个循环水养殖系统水质情况的智能化监测和管理，从而降低养殖风险。有超过 40 个水质指标可以用来衡量水产养殖的水质，其中，只有少数几个指标在主要的再循环过程中受到控制，因为这些指标的高低会影响鱼类的生存，并且容易发生变化，如 DO 浓度、氨氮浓度、微生物量、NO_3^-浓度、碱度等。因此，常见的水质监测指标包括水温、盐度、DO 浓度、pH、悬浮物及可溶性有机物含量等。

2. 国内循环水养殖系统

我国工厂化养殖起步比较晚，在 20 世纪 80 年代只有少数发电厂利用温排海水来试养河鲀、牙鲆、真鲷等经济鱼类[7]。但随着我国经济的发展以及国家对工厂化循环水养殖技术的高度重视，我国的循环水养殖取得了较为显著的成就，养殖品种逐渐增多。目前我国的工厂化循环水养殖系统主要有鲆鲽类半封闭循环水养殖系统、莱州明波半滑舌鳎循环水养殖系统、青岛通用大菱鲆循环水养殖系统、光唇鱼封闭循环水养殖系统、罗非鱼循环水养殖系统、中华鲟循环水养殖系统以及多层抽屉式循环水幼鲍养殖系统等。

3. 国外循环水养殖系统

目前国外工厂化养殖技术较为发达的国家有美国、加拿大、法国、丹麦、德国、西班牙、以色列和日本等，它们的工厂化养殖技术较为成熟，每个养殖系统都具有一定的专一性，都是针对某一特定养殖品种在某一特定阶段专门设置的最佳培育场所。以下是各国主要的养殖系统：美国主要有大西洋鲑循环水养殖系统、虹鳟鱼循环水养殖系统、德州跑道式养虾系统等；加拿大主要有丹尼尔港红点鲑循环水养殖系统、半循环水育苗系统等；日本主要有银汉鱼封闭循环水养殖系统、零排放鳗鱼循环水养殖试验系统等；丹麦有 Billund 欧洲鳗鲕封闭循环水养殖系统；瑞典有 BioFish 封闭循环水养殖系统；以色列有零排放循环水养殖系统等[6]。

1.2　工厂化循环水养殖的特点

1.2.1　工厂化循环水养殖的生产特点

工厂化循环水养殖系统的典型装备和工艺以物理过滤、生物过滤等方式，深度净化养殖水体，并集成水质自动监控系统（功能主要包括水质自动在线监测、显示与报警等），实时监测及调控养殖水体质量并可追溯。具体工艺技术路线为鱼池出水自流进入微滤机池，在微滤机池中去除残饵和鱼粪等颗粒直径超过 60μm 的固体悬浮物，然后水体经水泵提升进入生物滤器，在生物滤器中截留颗粒直径较小的固体悬浮物，并对水体中的氨氮进行降解，最后由生物滤器净化的出水又自流回鱼池。若遇水体需要调温、灭菌或水体出现混浊，可启动并联旁路，对水体进行调温和灭菌。与传统养殖方式相比，工厂化循环水养殖的生产特点主要包括以下几个方面。

1. 集约化程度高

工厂化循环水养殖占地少，一般水体重复利用率为 90% 以上，也就是说循环水养殖每天需要补充的水量仅为养殖系统水体的 10% 左右。此外，循环水养殖可进行高密度精养，养殖集约化程度高，能有效地提高产量，例如，鲆鲽鱼类的养殖密度池塘养殖为 $2\sim6kg/m^2$、循环水养殖为 $30\sim40kg/m^2$。

2. 资源得到高效利用

首先，工厂化循环水养殖系统的水体重复利用率高，每单位产量可节约 90%～99% 的水消耗；其次，循环水养殖系统单位面积产量为 $30\sim50kg/m^2$，而一般池塘养殖的单位面积产量仅为 $0.83kg/m^2$，因此，在获得相同养殖产量的情况下，循环水养殖系统占的土地面积大大减小。循环水养殖系统的水和土地等资源的利用率远高于其他养殖模式。

3. 养殖环境可控且对自然环境污染少

现代大多数工厂化循环水养殖系统都属于封闭式养殖系统，且具有先进的养殖装备，养殖全过程可以采用机械化或自动化方式，易于控制。通过资源化处理养殖废水，可降低养殖生产对环境的污染，从而实现环境友好型生产。

4. 产量高、品质优

工厂化循环水养殖可把病原体和外来污染源的危害程度降到最低，使生产环境稳定，从而生产出符合国际标准的优质的无公害产品。工厂化循环水养殖单位水体养殖密度高，产量高，再加上养殖过程中不受工业“三废”和农药化肥的污染，产品安全性高。

5. 资本密集型养殖模式

工厂化循环水养殖模式是在传统粗放型养殖模式的基础上发展起来的一种产量较高、周期较短以及资金投入较大的新型养殖模式，其技术含量高，机械化、自动化水平高，因此需要在设备、基础设施、高效水处理系统、工程施工和管理等方面投入大量资金，是一个资本密集型养殖模式，具体工艺流程图如图 1-6 所示。

1.2.2　现阶段我国工厂化养殖的主要特点

21 世纪以来，随着市场接受度和生产规模的不断扩大，我国工厂化养殖发展迅速，生产投资规模和养殖技术创新水平均有较大提升，养殖品种也增加较多。据统计，2016 年我国工厂化水产养殖水体（海淡水）6554.83 万 m^3，工厂化养殖总产量约为 40.66 万 t。总体来看，我国工厂化养殖主要有如下特点。

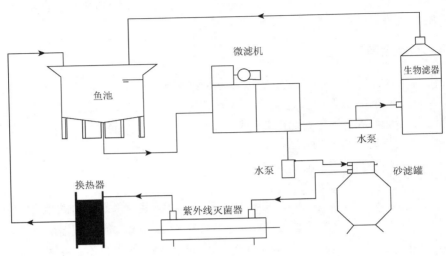

图 1-6　工厂化循环水养殖系统工艺流程图

1. 养殖资金投入持续增加

工厂化养殖具有诸多优势，人们对工厂化养殖产品的接受度也逐渐提高，行业内对工厂化养殖的前景普遍看好，部分地区开始形成产业化。再加上国家大力支持工厂化养殖产业，对其发展提供了一定的政策支持，各民营企业更是投入了大量的人力、物力、财力、技术到工厂化养殖中，因此工厂化养殖总体发展趋势向好。

2. 养殖技术日趋成熟，养殖品种不断增加

随着我国渔业科技的发展以及对国外先进设施技术和优良养殖品种的引进，我国工厂化养殖产业得到进一步发展，生产效益也有较大提升。其中，在技术方面，工厂化养殖不仅单项技术如水处理技术日趋成熟，在水质净化、水体消毒、增氧、控温及悬浮颗粒物去除方面也采用了现代高新技术，成套养殖技术逐渐成熟，设施设备的可靠性和系统的稳定性也大大增加；在养殖品种方面，工厂化养殖不再局限于少数名贵品种，"工厂车间"开始进行普通淡水鱼养殖，且不断增加各类养殖品种。例如，2007 年，上海水产大学进行了工厂化养殖，其 $1m^3$ 水体的鱼产量约 60kg，比传统养殖模式下的鱼产量高 30～50 倍；产值约 3000 元，比传统养殖模式下的产值高出近百倍。

3. 科技攻关与技术引进相结合

尽管我国在工厂化养殖设施技术领域有一定的应用能力，但与发达国家相比仍然存在差距，基础研究较为薄弱。为了对工厂化养殖的关键技术进行科技攻关，探索新的养殖模式，实现污染零排放和水的重复利用，国家专门设立了科技平台对其展开研究，如国家自

然科学基金项目"海水封闭循环水养殖系统重要元素及能量收支的研究"、中国科学院海洋研究所主持并完成的中科院创新方向性项目"对虾高效健康养殖工程与关键技术"研究等,这些研究均取得了许多实用性成果。近年来我国还从发达国家引入了工厂化养殖的先进设施设备,如砂滤器、臭氧灭菌消毒设备、活性炭吸附器、蛋白质分离器、生物滤器、增氧锥等,各养殖企业也积极响应国家倡导的健康养殖、无公害工厂化水产养殖,这些对工厂化循环水养殖的生产设施设备改造和更新、提高养殖水循环使用率和经济效益起到了重要作用[8]。

1.3　工厂化循环水养殖的发展历程

1.3.1　国内外工厂化循环水养殖的发展历程

1. 国外工厂化循环水养殖的发展历程

国外的工厂化循环水养殖始于 20 世纪 60 年代,其中比较发达的国家主要有美国、日本、德国、丹麦、英国等,其发展历程可分为以下三个阶段。

(1)第一阶段为初期的工厂化养殖阶段。该阶段始于 20 世纪 60 年代的流水网箱养殖,这种模式主要参考了内陆海水水族馆养殖技术、高密度流水养殖技术和自动化水族箱养殖技术[9],主要采用控制水流和温度技术进行集约化高密度养殖,采用充气增氧技术来提高单位水体的产量,并采用单级净化装置(如滴滤池、活性污泥池、卵石滤床等)来处理养殖废水。该阶段形成了初期的工厂化养殖模式,节省了大量土地和人力资源,但是耗水量仍然较大。

(2)第二阶段为中期的工厂化养殖阶段。20 世纪 70 年代,为了更好地节约水资源,优化养殖环境,减少池塘养殖,部分国家开始出台一系列政策鼓励和推动工厂化养殖的发展,养殖企业开始采用生物包净水设施、机械过滤技术、臭氧消毒技术、纯氧增氧技术,以及自动排污、投饵设备等来进行高密度养殖。这个时期的工厂化养殖发展迅速,从事相关研究开发和生产的企业及研究院所以法国的桑尼斯养鱼场和阿德昂集团、德国的曼茨姆公司和斯特勒马蒂克公司、丹麦的国家海洋渔业研究所、富雅工程公司等为主。在此期间美国的工厂化养殖发展迅速,其工厂化冷流水和温流水养殖业都比较发达,主要利用冷流水养殖虹鳟和大规模工厂化养殖黑斑石首鱼及条纹鲈。例如,爱达荷州的一个温流水养鱼场,有一个 5 层梯级的流水养鱼池,水体负载量为 $160kg/m^3$,每个鱼池的流水量控制在 $240m^3/d$ 以下,一年三茬总产量约 3000t,约为土池产量的 4 倍。2000 年,工厂化养殖被美国政府列为"十大最佳投资项目之一"。20 世纪 80 年代,研究人员开展了生物接触氧化、臭氧净化处理以及离子交换处理等技术的研究,还研制开发了新型生物滤料,极大地提高了生物处理效率,总氨氮去除负荷可达 $200\sim600mL/(m^2\cdot d)$[9]。日本在 20 世纪 60 年代初开始实施工厂化养鱼,特别是对牙鲆进行了工厂化育苗和养殖,经过二十多年的发展,其养殖技术成熟、产量稳定且效益显著,单位水体产量可达 $30\sim50kg/m^3$。这一时期,法国、英国等国家养殖大菱鲆采用的是工厂化循环水养殖,其单位水体产量为 $50kg/m^3$。此外，德国、丹麦也是工厂化养鱼的先进国家，其基础设施设备与养殖技术都处于世界先进水平[9]。

（3）第三阶段为现代化循环水养殖阶段。其始于 20 世纪 90 年代，该时期工厂化养殖开始采用微生物技术、生物工程技术、膜技术和自动化控制技术等处于世界前沿的高新技术成果，并且在水体净化、消毒、增氧、控温及池底排污等方面采用了实用性技术，这个时期工厂化养殖迈入了一个新时代。随着自动化程度的进一步提高，工厂化养殖用水的循环利用率达到了 95% 以上，单产可高达 $50\sim100\text{kg/m}^3$，并涌现出挪威 Aqua Optima 公司、丹麦斯堪龙公司等一些世界著名的水处理设施设备生产与加工企业。这一时期，工厂化养殖的饵料系数不超过 1，基本实现了"零排放"和无废物生产。至此，国外的工厂化养殖实现了经营管理的现代化、信息化、机械化、电子化和自动化，并进入了"知识经济"范畴[9]。

近年来，国外工厂化循环水养殖水处理技术发展较快，在固体颗粒去除、水体消毒、控温和增氧等方面均采用了现代高新技术，处理技术日趋成熟，特别是在生物净化方面，充分利用了自动化和智能化控制等高新技术，使得生物滤器的稳定性和可靠性大大提高。在管理方面，工厂化循环水养殖企业积极引进高科技人才，管理能力大幅提升，涌现出一大批世界著名的大型工厂化循环水养殖企业和水处理设施设备专业生产与加工企业。

2. 国内工厂化循环水养殖的发展历程

我国工厂化养殖是从淡水鱼类养殖开始的，20 世纪 70 年代，国外在工厂化循环水养殖方面的信息已经流入国内，我国开始效仿日本利用电热厂温排水养殖淡水鱼，并且由中国水产科学研究院渔业机械仪器研究所、北京市水产科学研究所和上海市水产研究所等跟踪研究[10]。1977 年，中国水产科学研究院长江水产研究所进行了流水高密度养殖草鱼试验，当时的产量达到了 28.5kg/m^2，但由于养殖技术及设备受限，并没有实现真正意义上的工厂化循环水养殖。20 世纪 80 年代，国外先进的工厂化循环水养殖技术和设施开始被引入国内，当时国内各地花巨资引进了丹麦和联邦德国共约 30 套循环水养殖设施，但因高昂的运行成本和投入，这些设施很快便束之高阁。1988 年，中国水产科学研究院渔业机械仪器研究所吸收并消化国外技术，设计出了国内第一个生产性的工厂化循环水养殖车间[11]。但随着后来北方鱼价的大幅下跌，循环水养殖的经济性开始被严重质疑，又加上技术上的不成熟，工厂化循环水养殖的发展很快便陷入了低谷。不过在此期间，我国发展了海水循环水养殖技术，如中国水产科学研究院南海水产研究所对多种海珍品利用循环水养殖系统进行了试验，并取得了一定成果。到了 20 世纪 90 年代，随着经济的迅速发展，在淡水养殖领域，全国各地建立了淡水鱼类工厂化循环水养殖系统，并兴建了一批水产养殖示范区，但是其经济性矛盾仍较突出[10]。20 世纪末期，"设施大棚＋地下海水"工厂化流水养殖模式以其灵活高效、不受季节影响、经济适用的优势，彰显出巨大的生命力，海水工厂化养殖、水产养殖系统水平逐步提高，以大菱鲆为首的鲆鲽鱼类产业的发展得到迅速推动，并且掀起了第四次国内水产养殖的浪潮。但带来的问题也很突出，如大量消耗优质水资源，特别是地下水资源，还造成了地陷、地下水位下降等诸多问题。"九五"以来，国家十分重视海水循环水养鱼的研究，如国家科技攻关计划和国家"863"计划等一些国家科技计划项目都专门对海水循环水养鱼立项并进行联合攻关研究。中国水产科学研究院黄海水产研究所在山东省荣成市的寻山集团有限公司养鱼场最早开始进行海水循环水养鱼试验，并对海水工厂化养殖的关键技术进行研究，解决了工厂化养殖设备的三项关键技术（快速过滤、微滤机、高效增氧）难题。进入 21 世纪以来，随着科技水平和社会经济的发展、大众环境意识的增强，循环水养殖模式逐渐被重视，国家更是对此大力支持。"十五"期间，为了对工厂化循环水养殖工程技术展开研究，中国水产科学研究院黄海水产研究所主持了国家科技攻关计划和国家"863"计划相关研究，在大连德洋水产有限公司、大连太平洋海珍品有限公司、海阳市黄海水产有限公司分别建立了 3 种不同模式的工厂化循环水养殖示范基地，在此基础上循环水养殖技术取得了重要进展，同时也获得了许多具有自主知识产权的创新性研究成果。在"十一五"期间，国家十分重视海水循环水养殖模式的研究，循环水养殖成套设备的研发取得了良好进展。到"十二五"期间，我国已经完成了节能环保型循环水养殖工程装备与关键技术的研发，建立起了海水循环水养殖的高效生产体系。二十多年来，我国大力开展循环水养殖系统及设施设备的研究，养殖设备国有化程度逐渐提高，再加上大批示范基地的推广，我国海水循环水养殖目前已达到较高的水平，但部分国际研究热点在我国仍处于起步阶段。

通过"九五"至"十二五"的国家"863"计划，我国在海水工厂化养殖的研究及应用方面取得了重要进展，保护了生态环境，推动了海水工厂化循环水养殖相关战略性新兴产业的兴起，促进了海洋经济发展及渔民的增收致富，且填补了我国在大规模工厂化循环水养殖半滑舌鳎鱼、石斑鱼等方面的空白；通过集成创新，关键设备进一步标准化，循环水养殖装备完全实现了国产化；采用新材料、新技术成功研制出的水质净化设备，极大地提升了净水效率和系统的安全性、稳定性，并降低了系统能耗；对重要水处理设备如蛋白质泡沫分离器、固体污物分离器（微滤机）、管道式高效溶氧器、模块式紫外线消毒器、生物滤池等进行了节能改造，在提升设备水处理效能和处理精度的同时，大大降低了水处理系统的运行能耗和构建成本，制定并完善了关键设备的相关企业生产标准。除此之外，对水处理系统工艺流程进行了优化设计，剔除了制氧机、高压过滤罐等高能耗设备，完成了在系统内养殖水通过一级提水后的梯级自流，改善了设备间的耦合性和衔接性；研制出了符合工厂化养殖的生态环境，以及具有低污染、低成本与良好效果的统一饲料产品；研究了生物膜上微生物种群的多样性，阐述了生物膜上微生物种群的组成及结构的变化规律和其与净化效果的关系，突破了约束海水工厂化循环水养殖的关键技术瓶颈，推动了生物膜法污水处理技术的发展；针对不同养殖对象（半滑舌鳎、石斑鱼、刺参和凡纳滨对虾等）、不同养殖模式（循环水养殖、流水养殖）制定了严格的企业标准和技术规范，特别是在循环水养殖鱼病防治研究中，取得了重要突破，确立了循环水养殖鱼病防治三原则，且制定了严格的技术规范[12]。

1.3.2 工厂化循环水养殖的发展趋势

我国是一个人口大国，对水产品的需求量大，但我国淡水资源匮乏，传统的养殖方式已经远远不能满足人们的需求，如何在资源短缺的情况下提高我国水产品的产量和质量十分重要。工厂化循环水养殖作为一种新型的养殖方式，利用先进的生产及水处理技术，不仅节约了大量水资源，大大提高了水产养殖的产量，还具有对环境污染较小的优点，对保障我国粮食安全和促进我国转变为渔业强国具有重要的战略意义，是可持续发展的必然选择。工厂化循环水养殖产业具有广阔的发展前景。

1. 建立经济、可行的循环水养殖模式

工厂化循环水养殖系统运用多个学科相关知识，实现了科学养殖、高效养殖。在生产过程中，也要运用经济学的相关方法，经过经济性分析，建立数学模型，找到最佳的养殖规模和生产负荷。此外，为了实现工厂化养殖的可持续发展，应根据我国的循环水养殖发展情况、水产品需求及养殖发展方向和政策等现实情况，将工程化生态净化技术与循环水养殖水处理技术相结合，减少前期对昂贵设备的投资，缩短回报周期，建立经济可行的循环水养殖模式。

2. 突破海水工厂化循环水养殖技术难题

目前，我国工厂化养殖主要是淡水养殖，海水鱼养殖比重较小，这不符合生产发展的需要及市场需求。究其根源，主要是海水养殖技术上的难题难以突破，国内公司和研究机构多处于试验阶段，许多技术都不太成熟，存在水质状况差、养殖密度高但产量却不高等问题。因此，我国应引入国外先进的水处理技术，采取将国外先进技术及系统与自主创新研发相结合的方针，建立设施设备标准化生产加工工艺流程，完善封闭循环水养殖设施设备，通过海水养殖水处理新技术、新模式创新，开发好用、实用、经济的海水养殖水处理技术，力争早日突破技术难题，提高我国的海水工厂化养殖产量。

3. 进一步深入研究关键生产技术与水处理工艺

工厂化循环水养殖产业是一项资本密集型产业，对高新技术有很强的依赖性，目前，我国开展养殖循环水处理系统设计、施工的单位，一部分是泳池桑拿和环保设备公司，一部分是国外的渔业公司。国内研究机构和公司仍多处于试验阶段，在工程设计的理论和方法等方面还很不成熟，还未真正完成设备的国产化，主要设备仍然依赖进口，存在维修困难且造价昂贵等问题。相比发达国家，我国渔业养殖密度高、水质状况差、劳动力价格低、电力和设备价格昂贵。所以，应当结合国内养殖情况将国外先进设备进行本土化改造[3]，通过国家相关部门的政策支持，聘请或特邀国外知名专家或学者，加强科技攻关，提升循环水处理的技术水平，缩短科研成果应用于实践的周期。

4. 合适的养殖品种

海水鱼类的养殖掀起了我国海水养殖的第四次浪潮，是现代渔业的发展方向，但在海水养殖中，贝、虾、藻产量远高于鱼类，出现了"倒挂"现象。2019 年，我国海水鱼类养殖产量只占全国海水养殖总产量的 5.9%。因此，我国应根据市场需求以及自身的养殖设备与技术特点，增加与工厂化循环水养殖相适应的品种与种类，特别是海水鱼类，然后根据养殖品种与种类，对高养殖密度环境下养殖对象的适应机制进行深入研究。因为在高

密度养殖条件下，动物机体由于密度的胁迫作用会产生一系列生理变化，研究在高养殖密度环境下养殖对象的适应机制，有利于掌握育苗生产和养殖中的最佳放养密度，从而在高产出的情况下实现高效益。

5. 加强科研投入，提高工厂化循环水养殖自动化水平

（1）各级政府与职能管理部门应继续加大对水产养殖行业的资金投入。可通过政策资金补贴的方式，鼓励工厂化养殖从业者应用新技术，加强工厂化养殖宏观调控，且制订可促进工厂化养殖发展的相关政策，利用好经济杠杆的作用，减轻工厂化养殖企业的负担。确保工厂化养殖业稳定且持续地发展，以缩短与国际工厂化养殖业的差距。

（2）通过"龙头企业＋科研院所＋基地＋农户"的形式，加快突破循环水养殖核心领域和热点领域的技术难题，建立较完善的"产学研、贸工农"一体化生产经营体系，提升工厂化养殖的产业化水平。

（3）高度重视人才队伍的培养，将水产养殖生产和养殖管理系统相结合，可视化养殖场的水质状况信息，采用自动化设备降低工作强度，通过自动投饵、排污、增氧，减少工作成本。实现养殖精准生产数据信息的采集处理、过程设计和控制、诊断决策，从而提升生产的自动化、智能化、机械化水平，整体提升我国的循环水养殖科技水平[13]。

参 考 文 献

[1] 雷霁霖，洪磊. 加快标准化建设，推进现代渔业发展[J].中国渔业质量与标准，2011，1（1）：12-16.

[2] 李庆艳，张文安. 物联网技术在工厂化水产养殖领域的应用[J]. 广东通信技术，2018，38（9）：77-79.

[3] 彭树锋，王云新，叶富良，等. 国内外工厂化养殖简述[J]. 渔业现代化，2007（2）：12-13，26.

[4] 吴小军，吕军，吴杰. 工厂化循环水养殖系统的构建及应用[J]. 河南水产，2020（5）：36-39.

[5] 刘晃. 循环水养殖系统的水处理技术[J]. 渔业现代化，2005（1）：30-32.

[6] 王峰，雷霁霖，高淳仁，等. 国内外工厂化循环水养殖模式水质处理研究进展[J]. 中国工程科学，2013，15（10）：16-23，32.

[7] 曹涵. 循环水养殖生物滤池滤料挂膜及其水处理效果研究[D]. 青岛：中国海洋大学，2008.

[8] 刘大安. 水产工厂化养殖及其技术经济评价指标体系[J]. 中国渔业经济，2009，27（3）：97-105.

[9] 张宝龙，赵子续，曲木，等. 工厂化水产养殖现状分析[J]. 养殖与饲料，2020（1）：31-34.

[10] 李竟超. 循环水养殖调温系统技术研究[D]. 上海：上海海洋大学，2018.

[11] 江新宇. 宜都市清江流域现代渔业产业转型发展研究[J]. 乡村科技，2017（28）：18-20.

[12] 刘鹰. 海水工业化循环水养殖技术研究进展[J]. 中国农业科技导报，2011，13（5）：50-53.

[13] 潘荣华，胡一丞，陆宁基，等. 循环水养殖技术研究进展[J]. 科学养鱼，2018（11）：1-2.

第 2 章　工厂化养殖场规划与车间设计

随着我国工厂化养殖的快速发展，工厂化养殖在水产养殖中的地位越来越高。目前工厂化养殖按照养殖模式可分为两类：开放式流水养殖和封闭式循环水养殖。开放式流水养殖是目前大多数养殖场采用的养殖模式，但从长期来看该模式存在明显的缺陷与不足，如我国辽宁省的兴城、绥中部分地区由于地下水接近枯竭，养殖场已无法维持正常运作，类似的问题在沿海地区也存在；开放式流水养殖会产生大量养殖废水，且大多会直接排入大海，很大程度上会影响近海的海水水质，并且开放式流水养殖的水资源利用率低，养殖费用较高。因此，从各方面来看，封闭式循环水养殖模式将逐渐取代开放式流水养殖模式，成为我国未来工厂化养殖乃至水产养殖业的发展新方向。

2.1　工厂化养殖场场址选择

工厂化养殖场的场址选择应综合考虑多种因素，如地理条件、生态条件、水文气象条件、节能减排以及环境保护等，并到实地勘察，将各种资料进行对比分析，在保证工程技术先进可行、经济合理的前提下，选取最优场址，使养殖生产体系能取得显著的经济效益。其中，最主要的应考虑地形、水质等因素，并且要求场址有良好的光照和通风条件。

2.1.1　地形、底质的选择

1. 地形的选择

首先，工厂化养殖最好选择沼泽地、贫瘠地等不便于耕作或耕作价值欠佳的地点，此类用地既不占用农业用地，同时用地成本较低，可提高养殖经济效益[1]。其次，工厂化养殖场场址高程不宜太高也不宜太低，水泵提水高度一般不超过 30m 且不低于 2m，否则运行成本较高或者养殖车间易进水。最好选择土地平坦的地点，以便节约成本，因为工厂化养殖设备比较多，占用的空间大，坡度较大会增加修整土地的成本。场址附近应易通水、通路和通电[1]。

2. 底质的选择

选择工厂化养殖场所前，必须调查准备建厂区域其底质的物理和化学组成。若场址高潮线以下的底质是砂土类（物理性砂粒含量大于 90%），则对修建反滤层砂滤井、渗水型蓄水池等取水构筑物有利。若土壤呈酸性或弱酸性，当修建蓄水池或砂滤井等取水构筑物时，土壤中的 FeS_2 会与空气接触而氧化形成 H_2SO_4，导致水体的 pH 大幅度下降，这对生产养殖极为不利[1]。

2.1.2　水的选择

1. 水源

为了满足养殖用水需求,必须详细掌握水源供水情况,尽管循环水养殖对外部供水的消耗量较小,但养殖过程中仍然有换水需求,所以对非自来水水源的各类指标以及污染物含量进行检测是有必要的[1]。水质的有害物质最高容许浓度(单位 mg/L)为:$Hg \leqslant 0.0005$、$Pb \leqslant 0.05$、$Cr \leqslant 0.1$、$Cd \leqslant 0.005$、$Cu \leqslant 0.01$、$Zn \leqslant 0.1$、$As \leqslant 0.05$、$Ni \leqslant 0.05$、石油类 $\leqslant 0.05$、氰化物 $\leqslant 0.005$、凯氏氮 $\leqslant 0.05$、硫化物 $\leqslant 0.2$。

2. 水的酸碱度

水的酸碱度一般用 pH 来衡量,适合养殖的水 pH 为 6.5~9.0,一般偏微碱性最佳。要人为地改变水源的 pH 投资较大,因此可以提前检测,或在需要换水时进行处理。

2.1.3　光照与通风

工厂化养殖需要良好的光照与通风条件,一般情况下会修建室内的养殖池,其自然光照和通风条件比不上室外,如果自然光照与通风条件比较差,就会耗费更多的能源资源,养殖成本将会增加。

2.2　工厂化养殖系统规划设计

工厂化养殖系统从设计到运行,再到产生经济效益,需要满足三大原则:系统适用性、系统可靠性和系统经济性。只有充分考虑这三大原则,才能充分发挥工厂化养殖系统的优势,在节约资源、保护环境的同时提高经济效益[2]。

1. 系统适用性

(1)养殖系统规划设计需考虑水质、光照、水流(流态、流速和流量)、池体(水深、池形、材料等)、疾病预防、饲料投喂等因素,以满足养殖生产功能需求,最大限度地实现养殖生物的经济性[3]。

(2)要充分考虑我国养殖行业从业者管理和知识水平不高的现状,做到设备操作及管理简单化。

(3)要考虑养殖系统的通用性,即无论是养殖不同种类生物还是养殖同种生物,包括各种情况下不同的养殖密度,养殖系统都应该能正常运行。

(4)相关装置或设备的易损元器件要容易购置和更换。

2. 系统可靠性

(1)系统硬件设备和元器件能够耐低温、耐潮湿(湿度>85%)和耐腐蚀(如海水)。

（2）系统能够保持长期稳定和不间断运行，对重要和易损设备需有备用装置，易损电子元器件的生产运用数量少。

（3）对生产具有重要影响的设备和部件均有自动控制和报警装置，在设备因故障紧急停止运行或发生停水、断电等不利状况时，有报警、应急装置实时启动，不影响养殖生物的生长[3]。

3. 系统经济性

（1）系统运行费用低。在满足养殖设备的正常运行下，应首选坚固耐用的材料与低能耗的设备，如生物滤器的滤材应选用易挂膜、密度适宜的材料。尽量降低工厂化养殖系统运行的费用，如根据地形合理选择和设计输水管路、选用扬程适宜的水泵等。

（2）系统维护费用少。养殖设备的易损件应从尺寸、功率等方面考虑易购性和通用性，保证更换便捷且不影响系统运行[2]。

2.3　场区总体布置

工厂化养殖场区总体布置步骤：首先由专业的设计单位按照国家工业管理有关规定以及甲方提出的具体要求（包括养殖规模、水质指标等）提出设计方案；然后由建设单位组织有关部门参加论证和专业协调，确定场区总体布置方案；最后由施工单位根据方案进行施工。

工厂化养殖场区布置应做到总体布局合理，功能区布置紧凑且分区明确，场内交通便利。

1. 避免污染

为了保持正常的养殖状态，工厂化养殖车间应避免噪声和烟尘污染。因此，拟建锅炉房应建于主风向的下风侧，且远离养殖车间；噪声较大的养殖设备如大型制氧机、罗茨风机，应采用降噪措施以减少噪声污染。

2. 场区建筑物布置紧凑

为提高场地利用率，场区各类功能车间应在不影响正常运行的前提下实现紧凑布置。养殖车间与水处理车间、育苗车间和饵料车间应相邻布置，以减小管道长度和水头损失。有条件的企业可以采用饵料车间和育苗车间、生物滤池和水处理车间双层布置。为了保证产品和物资的运输畅通方便，场区与场区间还要留出足够宽的道路，使机动车能畅通无阻。

3. 充分利用地形

对于场区布置中有高低落差地形的情况，应充分利用自然高差布置车间及给排水管道，使得水能够自流供给，节约能耗。

2.4　养殖场高程设计

对于场区地面高程较低的养殖场，在设计高程时，应保证海边养殖车间的地面相对标高大于或等于绝对标高，一般不小于 2m。对于场区地面高程较高的养殖场，养殖车间地坪应高于地面 0.2～0.3m，以防车间在暴雨天气进水。

基于养殖车间节省成本和能源考虑，循环水养殖系统一般设计为一次性提水和自流循环。养殖池排水系统相关设施设备安装高程不能过高或过低，例如，养殖车间内布置高位生物滤池和微网过滤的低位水池，则生物滤池最高水面相对标高应不大于 3m，微网过滤的低位水池水面相对标高应不低于 2m[3]。

2.5　养殖车间的形式与结构

1. 养殖车间的形式

工厂化养殖车间作为养殖系统的核心功能区，其作用在于提供最佳的养殖环境，合理的车间形式有利于降低建设成本，提高养殖经济效益。养殖车间一般为长方形单层结构，这样可以较大程度地节约空间与建造成本[4]。

2. 养殖车间的结构

养殖车间结构设计的基本要求是最低能抵御 30～40 年一遇的暴风、暴雨、暴雪，使用年限不少于 20 年。

养殖车间低拱形屋梁一般按规范设计为轻型钢屋架；三角形屋梁可选用异型工字钢焊接制成。对于跨度较小的车间，可用型钢焊接制成只有上弦而没有下弦和腹杆的三角形钢梁，檩条采用断面为长方形的木檩条或型钢檩条，以便于安装软性屋面材料。单跨和双跨养殖车间采用窗户采光，其屋顶可采用不透光保温屋顶、钢板夹芯保温板屋顶。对于两跨以上的车间，其中间几跨应采用光带采光屋面[5]。

2.6　养殖车间的采光与通风

1. 养殖车间的采光

不同养殖品种对车间的光照要求不同，因此采光屋顶的设计也不同。例如，鲆鲽鱼类对光照强度的要求较低，因此养殖鲆鲽鱼类的单跨和双跨车间一般不采用透光屋顶，利用窗户采光就可以满足鱼类对光照的要求，而南美白对虾则需要较强的光照以利于虾池内微藻的生长，因此对于两跨以上的车间，中间几跨需设计窄光带采光屋顶。屋顶光带采光设计是指在不透光屋顶设计较窄的透光带。

2. 养殖车间的通风

养殖车间的通风主要是指将车间高湿度有异味的浑浊空气排出，换进新鲜空气。养殖车间内应安装通风机或排气风扇，通风机的功率以及数量应根据车间的开间和进深确定。对于低拱未设保温屋顶的车间，在夏天可采用通风机通风降温。对于北方冬季的低温环境，养殖车间一般应选择封闭式通风机，挡板可随风机开闭而开合，避免大风天气车间自动通风降温[2]。

2.7　养殖车间的保温与采暖

1. 养殖车间保温设施与技术

我国地处北半球，冬季太阳辐射能减少，造成冬季室外温度通常降至零下，为实现全年循环水养殖，车间保温性显得尤为重要。一般保温设计有车间顶保温、外墙保温及门窗保温等。养殖车间外顶部通常采用轻型聚苯乙烯保温板、双层防水布、岩棉、无纺布等进行保温处理；车间内顶部应采用保温材料聚氨酯进行处理；车间外墙可在外墙水泥砂浆抹面层安装模塑聚苯乙烯（expanded polystyrene，EPS）保温板、复合外墙保温板等进行处理。单独靠车间设施保温，通常会出现温度偏低的情况，所以在循环水养殖系统中必须采取一定的加温措施。在胶东地区通常采用锅炉加热；渤海湾地区则采用地下热水加热、锅炉加热相结合的方式；在特殊地区，可采用电厂余热水进行加热。使用电厂余热水加热时应当对水质进行检测，防止重金属污染物超标而造成经济损失[2]。

2. 养殖车间的采暖

在我国北方，冬季气温通常会降至零下，为保证养殖系统的正常运行，防止养殖池温度过低，需要在养殖车间安装采暖设施或在养殖池内安装水温加热装置。例如，鲆鲽鱼类，其最佳生长温度是 16～22℃，冬季必须采取采暖措施才能保证其生长。

参 考 文 献

[1] 王寿斌. 怎样选择水产养殖场场址[J]. 四川农业科技，1993（2）：34.
[2] 肖红俊. 工厂化循环水养殖智能投饲系统的设计研究[D]. 舟山：浙江海洋大学，2019.
[3] 陈武文，叶宁，郭忠升. 南方工厂化循环海水养殖系统设计[J]. 海洋与渔业，2016（12）：52-53.
[4] 吴正海，胡展志. 论循环水养殖项目的商业模式——生产成本分析[J]. 当代水产，2018，43（10）：88-90.
[5] 曲克明，杜守恩. 海水工厂化高效养殖体系构建工程技术[M]. 北京：海洋出版社，2010.

第 3 章　工厂化循环水养殖设备组成及功能

3.1　养殖池设计及功能

3.1.1　养殖池的构建材料

建造循环水养殖池的材料应具备以下特点：耐潮湿、防漏、不易受腐蚀；对水体无污染，对养殖对象无毒性。养殖池表面应当光滑，易清洗和消毒，以防对鱼类造成损伤[1]。因为建造养殖池的材料需求量大，所以应该选择价格较为低廉且便于就地取材的原材料。当前市场上建造养殖池的主要材料有水泥、塑料、玻璃钢等，其中水泥以建造成本低、施工简单方便以及取材容易的特点被广泛使用[1]。

1. 水泥养殖池

以水泥为主材建造的养殖池一般采用水泥砂浆砌砖石结构，且水深不大于 2m，当水深大于 2m 时多采用钢筋混凝土结构，以保证养殖池结构的稳固。水泥养殖池如图 3-1 所示。

图 3-1　水泥养殖池

2. 塑料养殖池

以塑料为主材建造养殖池的成本较水泥高，且不适用于尺寸较大的养殖池。塑料养殖池的优点在于池内壁光滑、重量轻、易安装移动、不易渗漏，一般在发达国家应用较多。塑料养殖池如图 3-2 所示。

图 3-2　塑料养殖池

3. 玻璃钢养殖池

玻璃钢养殖池具有便于安装拆卸、重量轻、坚固耐用等优点，但制作成本较高。通常采用环氧树脂和玻璃纤维等材料并按照工厂内的模具一次性制作成型，形状一般为圆形。玻璃钢养殖池如图 3-3 所示。

图 3-3　玻璃钢养殖池

3.1.2　水泥养殖池设计

1. 池形选择

水泥养殖池按形状可分为长方形、圆形以及方圆形养殖池等。不同形状的养殖池具有不同的特点。长方形养殖池建造结构简单、施工方便、对空间的利用率高，但池底易出现排污死角，不利于养殖排污。圆形养殖池相对于长方形养殖池来说易于排污，但空间利用率低。目前市场上应用最多的是方圆形养殖池，即将方形池切去四角，采用圆弧面过渡，使用锥形池底，从而兼容了两种形状的优势，易于排污且空间利用率高[1]。

2. 方圆形养殖池设计

首先，方圆形养殖池的结构依据养殖车间的开间和进深设计，采用圆弧切角、坡度为

8%～10%的锥形池底。养殖池进水管采用对称布置的形式，由阀门控制进水量，末端一般设鸭嘴式喷水口，在水面以上以直射方式进水，且喷水口与水面形成切角，使池水旋转，在池水不断地旋转环流过程中，残饵及养殖粪便污物逐渐以池底坡度流向池底中心的排污口，使得污染物不会堆积，影响养殖水体[1]。

3.2　机 械 过 滤

3.2.1　离心分离器

离心分离器在机械过滤过程中去污效率较高，对于养殖水体中的大直径颗粒污染物可利用离心沉淀原理进行固液分离，结合养殖池的排污装置有效去除固体颗粒污染物。离心分离器的去污效率比常规沉淀方式高得多，可通过 5%～15% 的鱼池排水，去除约 50% 的固体颗粒物，具有良好的应用前景，且在养殖过程中便于维护[2]。

3.2.2　机械式微滤机

机械式微滤机具有适用性强、能耗低以及使用维护方便等优点，作为当前市场上应用最为广泛的粗过滤装置，其处理效果与多种因素密切相关，如颗粒物含量、反冲洗强度、滤网孔径等[3]。对于粒径为 60～100μm 的颗粒，当进水浓度小于 50mg/L 时，机械式微滤机对其的去除率为 31%～67%；进水浓度大于 50mg/L 时，机械式微滤机对其的去除率可达 68%～94%。但是，机械式微滤机在运行时易造成较大颗粒物的破碎，从而产生较多的微小颗粒物，在一定程度上增加了生物处理和精过滤的难度。工厂化养殖机械式微滤机如图 3-4 所示。

图 3-4　工厂化养殖机械式微滤机

3.2.3　弧形筛

弧形筛因具有维护成本低、结构简单且无动力消耗等优点在国内外养殖系统中被逐步推广，但其自动化程度低、需要人工清洗的问题还没有得到解决[4]。作为一种微筛过滤器，它主要利用筛缝排列方向垂直于进水水流方向的圆弧形固定筛面实现水体固液分离。在实际应用中，其最为常用的筛缝长度为 0.25mm，可以有效去除粒径大于 70μm 的固体悬浮物，有效去除率约为 80%[5]。

3.2.4　自然沉淀

自然沉淀技术的原理为自然沉淀悬浮物，以使悬浮物积聚并不断排出，一般应用在沉淀池中，设计良好的状况下应用自然沉淀技术的沉淀池可去除 50%～90% 的悬浮物，悬浮物的沉降速度是设计沉淀池的关键。虽然自然沉淀相比其他过滤技术具有处理效果好、节约能耗的优点，但其对循环水体的流量有一定要求，且结构庞大，所以增加了一定的空间成本[5]。

3.3　生　物　滤　池

3.3.1　生物滤池类型

工厂化循环水养殖系统中生物过滤的主要作用是去除氨氮。氨氮主要由鱼类的代谢物、鱼类残饵和有机物的分解产生。在循环水养殖系统中必须避免氨氮的积累。在鱼类养殖中，一般要求水体的氨氮浓度不高于 1mg/L，或非离子态氨浓度不高于 0.025mg/L。NO_2^- 主要来自氨氮的不完全氧化，其毒性强、致死率高，循环水养殖系统的 NO_2^- 浓度一般维持在 1mg/L 以下[6]。

在循环水养殖系统中通常采用生物滤器、生物滤池将氨氮、NO_2^- 等毒害物质转化为对鱼类影响较小的 NO_3^-，两种设施均利用附着在生物载体上的硝化细菌（*Nitrifying bacteria*）来达到去除氨氮的效果。

1. 生物移动床反应器

生物移动床反应器又称悬浮填料生物膜工艺，它广泛地应用于污水处理以及水产养殖等领域。与传统的物理过滤方法不同，生物移动床反应器以生物载体为核心，具有操作便捷、占用空间小、不易堵塞等优点。其所使用的生物载体一般为聚乙烯塑料、聚丙烯塑料或聚氨酯填料，呈 64 孔梅花形外缘形状。

悬浮填料性能的好坏，直接影响填料挂膜的难易程度，进而影响水质处理效果的好坏[6]。

2. 浸没式生物滤池

浸没式生物滤池是将滤料浸入养殖池中，水流自下而上地通过滤料，滤料截留水体中的颗粒物，同时滤料上的生物膜对水体进行生物处理，从而起到去除水体污染、净化水质的作用。在浸没式生物滤池进行水处理的过程中，DO 含量是影响氨氮转化最主要的因素，填料需要在 DO 浓度高、连续且缓慢的水流中才能充分地进行水处理。生物滤池是工厂化养殖水处理的核心，它承载着水循环中的关键环节[5]。

3.3.2　生物滤池的处理技术

目前在循环水养殖过程中所应用的技术各异，但主要工艺基本一致，即对养殖水体的监测、增氧、消毒灭菌，以及对养殖水体中固体废弃物的去除和对水溶性有害物质的处理[7]。目前应用的水处理技术大体上分为物理方法、化学方法和生物方法。物理方法和化学方法的应用已经比较广泛，且技术已经相对成熟，水处理效果也相对较好，而生物处理技术不够成熟，所以其水处理效果还不够稳定。但在工厂化循环水养殖背景下，生物处理技术尤为重要，如何使生物处理技术稳定地发挥作用，是稳定养殖水质的关键[7]。

目前在水产养殖行业，养殖水体中氨氮的去除应用最为广泛的是生物硝化与反硝化。其基本原理是依次利用亚硝化细菌、硝化细菌及反硝化细菌（*Denitrifying bacteria*）将水中的氨氮转化为 NO_2^-（亚硝酸根离子），再将 NO_2^- 转化为 NO_3^-（硝酸根离子），最后将 NO_3^- 转化为 N_2（氮气）排出。在处理过程中最为重要的就是保证生物膜上硝化细菌的活性与数量，保证硝化细菌数量足够多的措施：在保证不会造成生物滤池堵塞的情况下，加大填料的填充密度，尽量选择比表面积较大的填料[8]。

3.3.3　生物滤池的影响因素

1. 水力停留时间

水力停留时间（hydraulic retention time，HRT）指待处理水在生物滤池内的平均停留时间，即池容/进水，HRT 的确定对循环水养殖系统中一些运行参数的确定具有重要意义，同时 HRT 也是影响氨氮去除率的重要因素。在具体的循环水养殖过程中，确定 HRT 需要考虑多方面的因素：养殖品种与养殖密度、饵料种类与投喂量、养殖水温、悬浮物去除效果以及生物滤池的参数，最终要在进水氨氮浓度和 HRT 之间找到一个平衡点[8]。从理论上来说，HRT 的增加会使氨氮的去除率提高，但 HRT 过高会使循环水量减小，降低生物滤池处理效果的稳定性。通常 HRT 控制在 30～50min，实际生产中应根据进水氨氮浓度和养殖要求随时调整。

2. 养殖水温

养殖水温是循环水养殖中最为重要的影响因素之一，它对生物硝化与反硝化反应影响巨大。例如，硝化细菌适宜的生长温度为 20～40℃，在此温度范围内，硝化反应速度会随着温度的升高而加快；当养殖水温降低到 15℃ 以下时，硝化细菌的生长速度及活性均会急剧降低，严重影响反硝化反应以及硝化效果[8]。

3. 水中有机化合物浓度

在循环水养殖系统运行过程中，悬浮态和溶解态有机化合物浓度非常关键。有机质浓度过高会导致异养菌迅速繁衍，并同硝化细菌争夺 DO 及生存空间，进而对自养型的硝化细菌产生抑制作用，影响水处理效果。在循环水养殖过程中，紫外线和臭氧是主要的消毒灭菌物质，而高浓度悬浮态和溶解态有机化合物会影响紫外线和臭氧的灭菌效果。悬浮态和溶解态有机化合物的去除一般通过机械过滤装置和蛋白质分离器来完成[7]。

4. DO 含量

DO 含量是循环水养殖中的重要影响因素，DO 控制也是养殖系统中不可缺少的一环。在养殖过程中，由于硝化细菌是好氧生物，其适宜的生长环境是好氧环境，而 DO 含量太高会导致硝化细菌自溶分解，太低则会导致硝化细菌的活性降低，因此 DO 适宜的浓度范围为 6～8mg/L[6]。

5. pH

pH 对生物硝化反应的速度有较大影响，在 pH 为 8.0～8.4（20℃）时，生物硝化反应的速度最快，在硝化反应过程中，pH 将不断下降[8]。

3.4　蛋白质分离装置

工厂化循环水养殖属于集约化养殖模式，养殖水体中的固体颗粒物主要来源于饲料残余以及养殖对象的排泄物。对于养殖对象来说，固体颗粒物一方面易造成鱼鳃局部窒息，增加鱼类的死亡率，降低鱼类的生长速率，为致病微生物的增殖提供栖息地，增加鱼类对疾病的易感性；另一方面会增加养殖池中的 DO 消耗量以及降低硝化反应速率。固体颗粒物可根据粒径的不同用不同的工艺去除：较大粒径（＞60μm）的沉降性或悬浮性固体颗粒物可以通过机械过滤（如微孔筛网过滤、弧形筛、离心分离器等）的工艺去除；对于细小悬浮性颗粒物（粒径＜60μm），常采用蛋白质分离器去除，蛋白质分离器如图 3-5 所示[9]。

蛋白质分离器去除细小悬浮性颗粒物和氨氮主要有以下两个原理：①充分利用泡沫分离技术，使养殖循环水中的悬浮颗粒物（主要是残饵以及排泄物）在分解成 NH_3/NH_4^+ 等对养殖鱼类有害的物质之前附着在微气泡表面，微气泡随浮力分离到蛋白质分离器之外[9]。②经文丘里管向蛋白质分离器中同时加入一定浓度的空气和臭氧，通过臭氧的强氧化作用，将 NH_3/NH_4^+ 等对养殖鱼类有害的物质转化为无害物质[9]。

图 3-5　蛋白质分离器

3.5　消　毒　装　置

工厂化循环水养殖系统中，由于残饵及排泄物的堆积，病毒和细菌容易滋生，从而影响养殖鱼类的健康生长，所以需要对养殖水体进行消毒处理[5]。目前，工厂化循环水处理中主要的消毒处理方式有紫外线消毒和臭氧消毒。

3.5.1　紫外线消毒

紫外线消毒具有广谱性和高效性，且紫外线无毒，不会生成有害消毒副产物，所需灭菌时间短，目前被国内外工厂化循环水养殖厂家普遍采用，但其局限性也很明显：缺乏持续消毒能力；照射率容易因养殖水体中颗粒物的增多而降低，进而影响消毒效果，如受紫外线辐照后病原菌会产生光复活现象等[10]。

3.5.2　臭氧消毒

1840 年德国化学家发明了臭氧消毒技术，1856 年臭氧消毒技术被引用到饮用水处理中。由于 O_3 能够将细菌彻底杀死，具有灭菌效果好、无残留、灭菌广谱且能降解有机物的优点，因此被应用到水产养殖业。O_3 作为一种强氧化剂，其消毒机理是利用生物化学氧化反应来杀灭养殖水体中的病原菌并氧化无机污染物，除此之外，其还可以增加有机物的生物可降解性、促进固体颗粒污染物去除等。但 O_3 消毒也有明显的局限性，残余的 O_3 对鱼类有一定的毒副作用。有研究表明，当 O_3 的浓度达到 $0.01 \sim 0.10 \text{mg/L}$ 时，就对许多淡水和海水生物有毒性作用，当养殖鱼类接触超过 $0.008 \sim 0.060 \text{mg/L}$ 浓度的 O_3 时，会出现急性或慢性死亡。臭氧消毒系统如图 3-6 所示[10]。

图 3-6　臭氧消毒系统

　　O_3 消毒与紫外线消毒可联合使用，联合使用后不仅会产生高级氧化反应，而且可以提升消毒能力以及溶解性有机物的去除率。

3.5.3　有害气体去除

　　在工厂化养殖过程中，养殖水体中的 CO_2 浓度会随养殖密度的提高而大幅上升，通常能达到周围环境饱和浓度的 $20 \sim 100$ 倍，其带来的负面作用就是造成养殖水体的 pH 迅速下降，严重破坏酸碱平衡。不仅如此，CO_2 的浓度过高还会严重影响养殖对象的生长和发育，当浓度超过某一极值时甚至会产生毒性作用，致使鱼类窒息[11]。目前，工厂化循环水养殖过程中去除 CO_2 的方法主要有机械设备去除法、曝气滴滤式去除法。

3.6　增　氧　装　置

　　在水产养殖过程中，足量的 DO 是必不可少的，其对养殖对象的生长和发育具有决定性意义。在自然环境中，DO 浓度达到 $2 \sim 5 \text{mg/L}$ 就基本能够满足鱼类的生长。但在工厂化循环水养殖系统中，DO 浓度应在 5mg/L 以上或达到饱和溶解度的 60%，这样才能满足鱼类的生长需求。当 DO 浓度低于 2mg/L 时，硝化细菌就会失去硝化氨氮的能力，进而影响循环水的水质。一般情况下，DO 消耗主要来自鱼类的代谢、残饵与微生物的氨氮去除、代谢物的分解等。目前常用的增氧技术手段主要包括：空气增氧、纯氧增氧、微气泡增氧等[5]。

3.6.1　空气增氧

空气增氧主要采用充气器增氧，通过小气泡的形式来增加 DO 含量（图 3-7）。但其增氧效率较低，且受水温和养殖密度限制。例如，在 20℃的水温下，1 度电一般增氧 1.3kg，在 28℃时，1 度电增氧仅 0.455kg，养殖密度也只能达到 30～40kg/m³ [5]。

图 3-7　工厂化循环水养殖增氧机

3.6.2　纯氧增氧

纯氧增氧目前广泛应用于高密度循环水养殖模式中，其增氧方式分为三种：液氧增氧、氧气瓶增氧和氧气发生器增氧。其增氧效率高，且受其他因素影响小，但成本相对于空气增氧方式高（图 3-8）[12]。

3.6.3　微气泡增氧

微气泡增氧可以极大地提高 O_2 的利用率和增氧效率。微气泡增氧方法分为超声波击碎法和射流器法。

（1）超声波击碎法：利用超声波的振动将压缩空气击碎成直径为 1mm 的小气泡。养殖水体经过高压泵进入装有压缩空气的超声波发生器中，产生微气泡与水的混合体，混合体再进入循环水中[12]。该方法的增氧能力较强，目前已部分应用于工厂化水产养殖中。

图 3-8　工厂化循环水养殖增氧机

（2）射流器法：射流器又称水射器，该方法的技术原理是高速水流将空气击碎成小气泡，并充分混合射出，产生直径可达微米级以下的气泡。采用射流器的增氧设备，其 O_2 的转化气泡直径可达微米级以下，O_2 的转化率可达 25%以上[13]。

参 考 文 献

[1] 柳瑶. 生物流化床养殖污水处理系统的设计与实验研究[D]. 青岛：中国海洋大学，2013.

[2] 倪琦，张宇雷. 循环水养殖系统中的固体悬浮物去除技术[J]. 渔业现代化，2007（6）：7-10.

[3] 何春丽. 循环水养殖生物氧化系统构建及效果研究[D]. 大连：大连海洋大学，2014.

[4] 王建明. 循环水鳗鲡养殖水处理技术应用研究[D]. 厦门：集美大学，2010.

[5] 宋红桥，管崇武. 循环水养殖系统中水处理设备的应用技术[J]. 安徽农学通报（上半月刊），2011，17（21）：112-115，117.

[6] 宋奔奔，单建军，刘鹏. 循环水养殖中不同载体生物滤器的水质净化效果分析[J]. 安徽农业科学，2014，42（24）：8198-8200.

[7] 殷蕊，宫春光. 工厂化循环水养殖中若干问题的探讨[J]. 河北渔业，2013（7）：62-64.

[8] 冯志华. 海水养殖贝类苗种循环水处理关键技术研究[D]. 北京：中国科学院研究生院（海洋研究所），2005.

[9] 宋德敬，尚静，姜辉，等. 蛋白质分离器中的不同臭氧浓度对工厂化养殖净水效果的试验[J]. 水产学报，2005（5）：137-141.

[10] 姜妍君，强志民，董慧峪，等. 海水循环养殖系统水处理工艺综述[J]. 环境化学，2013，32（3）：410-418.

[11] 傅润泽，陈庆余，何光喜，等. 基于活鱼运输的二氧化碳去除装置应用试验研究[J]. 渔业现代化，2013，40（5）：53-57.

[12] 房燕，韩世成，蒋树义，等. 工厂化水产养殖中的增氧技术[J]. 水产学杂志，2012，25（2）：56-61.

[13] 韩世成，戚翠战，曹广斌，等. 臭氧消毒杀菌技术在工厂化水产养殖中的应用[J]. 水产学杂志，2015，28（6）：44-52.

第二篇　工厂化循环水养殖技术

第4章 工厂化循环水处理技术

4.1 悬浮物去除技术

4.1.1 沉淀分离技术

现阶段国内使用最为广泛的排污方式有三种：①底部排污（底排），传统的单通道底排相对简单，但是只能排出底部污染物，鱼池表面的泡沫和油污无法排出；②底排与表层溢流相结合，即通过底排的方式排出底部的大量污染物，通过表层溢流的方式排出悬浮的固体颗粒和水面的泡沫油污，该排污方式适用场景更广，是我国最主流的排污方式；③上部排水和底部排水相结合，其对鱼池上部和底部都大量排水，通过水流作用使鱼池中心形成漩涡，使污染物通过底部排出，该方式设计巧妙，但是用水量较大。以上方式基本都适用于冷水和热水鱼的养殖场景[1]。

离心分离器利用离心沉淀的原理，是一种对含大颗粒较多的水体进行有效固液分离的新型预处理装置。结合鱼池排污颗粒收集装置，离心分离器可通过 5%～15%的鱼池排水，去除约 50%的固体颗粒，其对固体颗粒的去除率是常规沉淀方式的 8～30 倍，且结构简单，维护方便，是一种具有良好应用前景的新设备[1]。离心分离器沉淀池可以每日定时进行排污，将沉淀的颗粒物去除（图 4-1）。

图 4-1 离心分离器沉淀池

机械式微滤机是目前使用最为广泛的粗过滤装置（图 4-2），具有适用性强、能耗低、占地少、使用维护方便等优点。研究发现，对于粒径为 60～100μm 的颗粒，当进水浓度小于 50mg/L 时，机械式微滤机对其的去除率为 31%～67%；当进水浓度大于 50mg/L 时，机械式微滤机对其的去除率可达 68%～94%。但是，机械式微滤机通常不适用于精过滤和生物处理，因为过滤机制的问题，机械式微滤机在运行时易将大颗粒打碎成小颗粒，从而给后续处理增加难度。

图 4-2　机械式微滤机

弧形筛（图 4-3）是目前在国内外养殖系统中逐步被推广的一种微筛过滤器，其优点是无动力消耗、结构简单、维护成本低，缺点是自动化程度低，养殖负荷高时需每天不定时地进行人工清洗[2]。弧形筛主要利用筛缝排列方向垂直于进水水流方向的圆弧形固定筛面实现水体固液分离。最常用的筛缝长度为 0.25mm，可有效去除约 80%的粒径大于 70μm 的固体悬浮物质。

图 4-3　弧形筛

固定式滤床（图 4-4）在出水前方加置设备，去除大型悬浮物和固体物。砂滤系统是使养殖水通过由砂砾所构成的滤床，以滤除水中的鱼粪、残饵等沉降性固体物。其过滤机理包含砂砾对固体物的筛除、拦阻，污染颗粒物的相互吸附、碰撞，大型固体物的沉降等。在砂滤系统中，水的特性及砂粒粒径大小是影响过滤效果的重要因素。常见的砂滤装置有砂滤罐、虹吸滤池等。网袋式过滤系统利用水泵将污染物抽入过滤袋中，网袋使用得越久，过滤效果越好，但过滤所需要的阻力越大，所以当污染物存储至一定量时，要手动或使用时间控制器对设备进行反冲洗，将污染物排除。使用过滤系统时不仅需注意防止由滤袋阻塞造成袋内水压太高而引起的接头处或滤袋破裂，而且在清洗后需清理滤袋、过滤系统管线内所沉积的杂物、废水，以免发臭或引起病菌滋生[1]。

图 4-4　固定式滤床

自然沉淀技术应用在鱼池特殊结构或沉淀池（图 4-5）中，使用药物或者其他方法使悬浮物沉淀、积聚并排出。运行良好的沉淀池可去除 50%～90% 的悬浮物，其中设计的关

图 4-5　大型自然沉淀池

键在于确定悬浮物的沉降速度，过流流速应低于 4m/min，通常流速可设计为 1m/min，每小时单位面积的流量为 1.0～2.7m³。自然沉淀虽然具有较好的效果，但是其限制了循环水体的流量，增加了系统设备空间成本[1]。

4.1.2　微网过滤技术

该技术采用高精度微网筛分原理，解决了传统工艺（如格栅、沉砂池等）无法将水中细小颗粒（砂砾、纤维、头发等）彻底去除的技术难题。此外，微网过滤技术配合机械清洗和末端杂质处理，解决了微网污染控制问题以及被分离杂质的处理问题。微网过滤技术成套设备可直接接入现有的污水处理工艺流程而不对原工艺造成影响。值得注意的是，在微网高效去除杂质的同时，预处理后的污水会造成碳源的丢失，导致后续生物反应池的碳氮比和碳磷比下降，造成反硝化和生物除磷效果不佳，影响出水水质[3]。

4.1.3　介质过滤技术

过滤介质是将固体颗粒或液滴截留并允许工作介质通过的多孔型物质。过滤介质是过滤机的关键部件，过滤介质的性质决定了过滤尺寸和精度，同时也影响过滤机的能耗和生产强度[4]。

现在常用的过滤介质有以下几种。

（1）编织材料。通常由天然纤维或化学合成纤维编织而成，以滤布（图 4-6）或滤网的形式出现，应用范围较广，是工业生产中最常用的过滤介质。编织材料造价低廉，成本优势很大，清洗和更换都非常方便，可截留粒径为 5～65μm 的颗粒。

（2）多孔型固体。常见的有烧结金属（图 4-7）、玻璃、素瓷和塑料材质的管道等。可截留粒径为 1～3μm 的颗粒，常用于处理含有少量微小颗粒的悬浮液。

（3）堆积介质。例如，砂、砾石、木炭和硅藻土等颗粒状物质，或玻璃棉等非编织纤维的堆积层。一般用于处理悬浮液，如城市给水和待净化的糖液等。

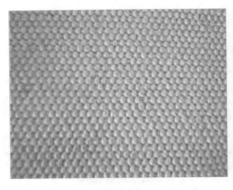

图 4-6　涤纶滤布

图 4-7　烧结金属

此外，高分子多孔膜工业滤纸也可与上述过滤介质合用，通过截留微小颗粒获得高度澄清的液体。能够滤去直径为 0.1～1.0μm 的颗粒的膜称为微孔滤膜；能够滤去直径为 0.01～0.10μm 的颗粒的膜称为超滤膜。膜技术可应用于要求更高的食品和医疗行业。

选择过滤介质的主要依据是悬浮液中固体颗粒的含量、颗粒粒径的分布范围、过滤介质对滤液澄清程度的影响和过滤速率。同时，也要考虑滤液的腐蚀性、过滤设备的选型及过滤的温度、压力等因素[4]。

4.1.4　蛋白质分离技术

对直径在 60μm 以下的细小悬浮颗粒的去除主要采用蛋白质分离（泡沫分离）技术。该技术主要利用微小气泡表面张力产生的吸附作用，通过气泡将液体中的悬浮物排出。在蛋白质分离器（图 4-8）内部，首先利用循环水泵和文丘里射流器相互配合产生大量气泡。在一个三相混合体系中，随处都有界面张力，气泡在由下而上运动的过程中吸附了大量的悬浮物[5]。悬浮物通过气泡的上升作用移动并聚集在液体上部，通过气泡的不断堆积及上部液体的不断排出，悬浮物被排出到蛋白质分离器外。

图 4-8　蛋白质分离器

4.2　可溶性污染物去除技术

4.2.1　生物滤池处理技术

生物滤池（图 4-9）是现在常用的一种污水处理设施，污水流经的滤床，表面附着有微生物，在污水中大量营养物质的滋养下，微生物大量繁殖，形成光滑的膜状物质，这就是生物膜。生物膜的形成阶段被称为挂膜，生物膜的形成时期被称为生物滤池的成熟期。生物膜通常由细菌、真菌和藻类等组成[6]。

图 4-9　生物滤池

生物滤池进入成熟期后，可以处理污水中的污染物。当污水流经成熟滤床后，污水中的有机污染物被生物膜中的微生物吸附并降解为无毒无害的小分子物质，从而使水质问题得到解决。生物膜分为表层和内层，污染物在生物膜表层经过好氧和兼性微生物降解，生成 H_2O、CO_2、NH_3 等小分子物质，然后进入生物膜内层，通过厌氧微生物的厌氧代谢，生成有机酸、乙醇、醛和 H_2S 等[6]。但是随着生物膜处理的污染物增多，生物膜厚度逐渐增大，传质到生物膜内层的物质越来越少甚至已经被完全代谢，生物膜内层的微生物因为得不到足够的营养元素而失去吸附的能力，从而使生物膜脱落并开始形成新的生物膜。生物膜脱落的速度与有机负荷、水力负荷有关。

生物滤池的处理效果非常好，能够很好地满足工厂养殖水的处理要求，同时不产生二次污染，也符合环保要求。

生物滤池的填料泛指被填充在生物滤池中的物料。生物滤池中发挥作用的主要是填料上的微生物，填料的比表面积、表面摩擦力和材质等都会影响微生物的生长状态。填料的主要作用是富集有机物、微生物，增加生物量，材质多数为尼龙塑料。各种材料各有优缺点，有的比较容易挂膜，但是容易出现死泥难脱落，有的不好挂膜，但是接触面积大、利用率高。填料按材料强度可分为硬性填料、软性填料、半软性填料和弹性填料。硬性填料又称蜂窝状硬性填料，是用聚氯乙烯塑料、聚丙烯塑料、环氧玻璃钢等制成的蜂窝状的填料（图 4-10）；软性填料以醛化纤纶为基本材料，模拟天然水草形态加工而成；半软性填料，又称"雪花片"填料，所用的材料有聚丙烯、聚乙烯；弹性填料是在软性填料和半软性填料的基础上发展而成的（图 4-11），兼有软性填料和半软性填料的优点[7]。

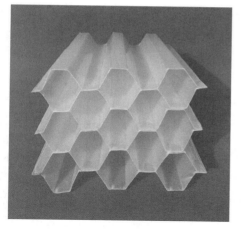

图 4-10　蜂窝状填料

图 4-11　生化球填料

4.2.2　生物膜处理技术

1. 生物膜水处理技术的特点

生物膜处理工厂化循环水养殖微污染废水是使微生物附着在生物载体的表面,使其生长繁殖,依靠生物膜的代谢作用降解废水中的有机污染物。

1)生物膜水处理工艺稳态运行

工厂化循环水养殖池排出的废水其主要水质指标一般为总氮(total nitrogen,TN)0.4~2.0mg/L、化学需氧量(chemical oxygen demand,COD)5~30mg/L、总磷(total phosphorus,TP)0.1~1.0mg/L 等,属于微污染水。可利用细菌等形成的生物膜降解有机物(图 4-12),利用生物膜巨大的表面积大量吸附废水中的有机物以进行生物膜的新陈代谢,通过好氧和厌氧代谢降解废水中的可溶性有机物[8]。

图 4-12　生物膜

　　高浓度污水废水的处理并不适用于微污染水中的可溶性有机物，微污染水中低浓度的可溶性有机物能提供给微生物的营养物较少，形成的生物量也较少，降解效率不高。"十一五"期间国家科技支撑计划课题组对工厂化循环水养殖排出的微污染水进行了深入研究，并提出将稳态运行的生物滤池和蛋白质分离器相结合进行微污染水的处理。

　　生物膜水处理工艺可分为稳态和非稳态运行方式，稳态运行工艺生物膜随时间推移没有净增长或净减小的变化，而非稳态运行工艺生物膜正好相反[9]。稳态工艺适合处理浓度和流量相对稳定的污水，出水维持一定的有机物浓度，不能任意改变微生物处理水的能力。非稳态运行工艺则依赖于微生物的应激反应，在较高浓度营养物质的环境下，生物膜快速生长，在较低浓度营养物质的环境下，生物膜上的微生物因为生长需求，会提取环境中的营养物质，从而快速降低污染物浓度。相比稳态运行，非稳态运行可以快速处理污水，但是不能应用于深度处理的场景，所以深度水处理工艺通常不采用生物膜非稳态运行设计。

　　2）生物种群

　　生物膜在海水中能自然生长出多种生物，且它们的食物链较长，有利于生物之间发生协同作用，将污染物彻底降解。同时，微生物处理过程中产生的硝酸盐和亚硝酸盐也有利于亚硝化单胞菌属、硝化杆菌属的自行繁殖，使生物膜具有脱氮功能。

　　生物膜可以自然生长出微生物，为了达到更好的处理效果，也可以接种活性菌剂达到快速挂膜的目的。为了便于在不同处理阶段生成相应的优势菌种，生物滤池通常被设计为长方形分段流水式，这有利于将废水逐级深度处理。

　　3）工艺流程特点

　　海水循环水养殖使用生物膜法处理废水，一般设计分段流水生物滤池。养殖池的废水经过过滤装置和蛋白质分离器后进入生物滤池，在载体的空隙中流动并降解。生物滤池中的生物膜对循环水的水质和水量都有较好的适应性，甚至可以应对适当停水的紧急情况。生物膜法主要用于处理低浓度废水，相比活性污泥法，其运行成本更低，更易于维护管理。

　　2. 生物膜水处理机理

　　生物膜水处理系统由外向内主要分为四层，即流动水层、附着水层、好氧层和厌氧层。当养殖废水流过生物膜时，水中的可溶性物质及胶体被吸附到生物膜的表面，通过流动水层向附着水层传递，然后在好氧层内发生有机物的降解（主要的食物链为有机污染物—细菌—原生动物及后生动物），附着水层的水质得到净化，从而与其相连的流动水层也得到净化[10]。随着污水处理过程的不断进行，生物膜逐渐变厚，生物膜内的厌氧代谢越来越多，因为微生物得不到足够的营养物质进行内源代谢，生物膜附着性减弱，最后生物膜脱落并重新开始产生新的生物膜。

　　3. 生物膜厚度的控制

　　生物膜的厚度影响溶解氧和基质的传递效率，生物膜厚度主要由生物膜量决定，而决定生物膜量的则是生物载体的类型、比表面积、单位水体生物填料量等因素。生物膜的厚度可分为总厚度和活性厚度，生物膜的活性厚度一般为 70~100μm，在活性厚度范围内微生物对有机物的降解速率随着生物膜加厚而增加[11]。生物膜较薄时膜内传质通畅，膜活性较高。随着生物膜的不断增厚，膜内传质阻力增大，生物膜内层由兼性环境变为厌氧环境，因此不能再通过好氧反应来降解有机物。由于厌氧反应不能使微生物得到足够的营养物质进行内源代谢，生物膜附着性减弱，生物膜大量脱落，所以在使用各种生物膜法处理废水时，膜的总厚度应控制在 200μm 以下。

目前对控制生物膜生长的基础性研究较少，通常采用物理方法加大水流的剪切力，使生物膜加快脱落。因此，在设计生物滤池时，应采用纵向分段流水及高位布水器进水与低孔出水的方式，使池水产生自上而下的下降流和自下而上的上升流，加大水流的剪切力，降低生物膜厚度[11]。

4. 生物载体的选用

生物载体又称生物滤料、生物填料，是微生物的附着体。生物载体的材质、结构形式等对水处理效果影响较大。因此，研发合适的生物载体对提高水处理效率有至关重要的作用。理想的生物载体应具有较大的比表面积、孔隙率和表面粗糙度，且具有不易堵塞、容易清洗的特点，还应具有一定的刚性与弹性，同时具有强度高、耐腐蚀、抗老化等特性[11]。

生物载体的比表面积越大，微生物能够附着的生物膜量越多，水处理效果越好。但比表面积过大，则运行一段时间后，载体将出现孔隙率变小、易堵塞，从而使生物膜传质阻力增大、活性减弱，水处理效果下降。所以，生物载体应具有合适的比表面积。生物载体的孔隙是生物膜、污水及空气三相接触的空间，也是向生物膜传递溶解氧和营养物质的通道，应始终保持畅通，不能堵塞。所以，选择的生物载体应有足够的孔隙率。

4.2.3　人工湿地处理技术

人工湿地是由人工建造和控制运行的类似于沼泽的湿地。人工湿地处理污水的过程是将污水和污泥通过人工配比加入人工湿地里，并使其向一定方向流动，在该过程中，利用土壤及其中的微生物对污水污泥进行处理[12]。其作用机理包括吸附、滞留、过滤、氧化还原、沉淀、微生物分解、转化、植物遮蔽、残留物积累、蒸腾水分和养分吸收及各类动物的作用。

人工湿地处理技术作为一种有效的废水处理技术，已广泛应用于工业废水和城市污水的处理。虽然该技术在养殖废水的处理领域还处在试验推广阶段，但是有较好的应用前景。人工湿地的构成是在分段多级流水池内，布置不同级配的碎石基质，一般分 3~4 层，从下往上碎石粒径逐层增大。基质深度比池内水深小 20~30cm，在基质上面移植多个品种的大型海藻，如鼠尾藻、江蓠、石莼等，使藻类的根系附着生长在碎石上。

人工湿地生态池一般可设计为潜流型湿地，进水应尽量保持均匀，常采用多孔管布水器或溢流堰。人工湿地生态池采用 2~4 级串联，池内基质孔隙率由下向上逐渐变小，池底布置微孔管曝气，以增加水体的 DO 和生物膜的活性，如图 4-13 所示。

图 4-13　人工湿地生态池

N₁ 表示进水；N₂ 表示出水

4.3　循环水消毒技术

4.3.1　紫外线消毒技术

紫外线消毒是目前国内外在工厂化循环水系统中普遍采用的一种消毒方式,其作用原理是病原菌经紫外线辐照后,因遗传物质被破坏而造成细胞死亡或失活。紫外线消毒的优点是灭菌具有广谱性和高效性、所需的接触时间短、无毒以及不会生成有害消毒副产物。紫外线消毒的缺点包括:①缺乏持续消毒能力;②水中的颗粒物会降低紫外线的照射率,进而影响灭菌效果;③紫外线辐照仅有消毒作用,无法像 O_3 那样与其他水处理单元耦合以提高整个处理系统的效果;④海水的高盐度会造成紫外线灯石英套管的表面易结垢,需频繁清洗套管;⑤经紫外线辐照后病原菌会产生光复活现象。因紫外线不能提供持久的消毒效果,使得消毒出水存在一定的微生物风险。很多被紫外线照射过的微生物在可见光照射下可以修复紫外线造成的损伤,重新获得活性,从而削弱了消毒效果,造成潜在威胁[13]。不同类型的紫外线灯如图 4-14 和图 4-15 所示。

4.3.2　臭氧消毒技术

参考 3.5.2 节内容。

4.3.3　负氧离子消毒技术

经过百年来的试验和现代医学的不断验证,已经证明负氧离子确实有灭菌消毒的作用。原子或原子团失去或获得电子后所形成的带电粒子称为离子,负离子是指带一个或多个负电荷的离子,也称"阴离子"。某些分子在特殊情况下,也可形成离子,如氧的离子状态一般就为阴离子,也称负氧离子。负氧离子灭菌的主要原理是负离子在与细菌结合后,使细菌产生结构的改变或能量的转移,导致细菌死亡并最终降沉于地面[14]。

图 4-14　渠道式紫外线灯

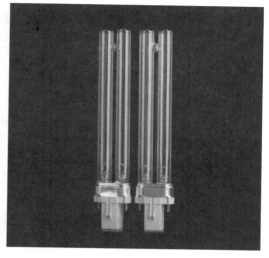

图 4-15　H 型垂直直射式紫外线灯

4.4　循环水增氧技术

4.4.1　氧气输送的重要性

在养殖水体中，DO 是养殖鱼类和微生物赖以生存的必要条件，因此富氧养殖技术成为水产健康养殖的重要技术。DO 浓度是判断水质的主要指标。DO 在养殖生产中的重要性，早已被业界所认识，DO 除了对养殖鱼类有直接影响外，还对饵料生物的生长和水中化学物质的存在形态有重要影响，进而又间接影响养殖生产[15]。DO 在养殖过程中是先决条件，对鱼类的生长和发育具有决定性意义，鱼类在自然环境下对 DO 浓度的要求是 2～5mg/L。在工厂化养殖系统中，鱼类正常生长的 DO 浓度应该达到饱和溶解度的 60%，或者在 5mg/L 以上；DO 浓度低于 2mg/L，用于工厂化养殖水体处理的硝化细菌就会失去硝化氨氮的作用。一般情况下，工厂化养殖系统的 DO 消耗主要来自鱼类的代谢、残饵与代谢物的分解、微生物的氨氮处理等[1]。

4.4.2　空气源增氧系统

空气增氧主要分为气石增氧、传统型纳米增氧和新型水下纳米增氧[1]，其主要特点参见 3.6.1 节。

4.4.3　纯氧源增氧系统

现在高密度型的循环水养殖系统多采用工业氧来作为鱼类呼吸氧的来源。纯氧的发生装置根据选择的方便性可分为氧气瓶、液体氧罐（图 4-16）和纯氧发生器三种[1]。

图 4-16　液体氧罐

参 考 文 献

[1] 宋红桥，管崇武. 循环水养殖系统中水处理设备的应用技术[J]. 安徽农学通报（上半月刊），2011，17（21）：112-115，117.

[2] 王建明. 循环水鳗鲡养殖水处理技术应用研究[D]. 厦门：集美大学，2010.

[3] 刘简，李汉冲，梅晓洁，等. 基于微网分离技术的污水杂质分离工艺优化[J]. 净水技术，2017，36（5）：73-78.

[4] 韩菊. 高精度纤维过滤板通流能力的研究[D]. 天津：河北工业大学，2007.

[5] 宋德敬，尚静，姜辉，等. 蛋白质分离器中的不同臭氧浓度对工厂化养殖净水效果的试验[J]. 水产学报，2005（5）：137-141.

[6] 杨东明. 自充氧多层生物接触氧化工艺研究[D]. 大连：大连交通大学，2008.

[7] 徐功娣，张增胜，韩丽媛，等. 强化生态浮床与普通浮床对污染物净化效果对比研究[J]. 水处理技术，2010，36（4）：93-96.

[8] 陈冠宏. 折流生物膜反应器处理生活污水工艺特性研究[D]. 广州：暨南大学，2009.

[9] 李佳. 再生水回用于电厂循环冷却水的工艺研究[D]. 西安：长安大学，2010.

[10] 秦伟杰. 木材加工废水治理研究[D]. 大连：大连理工大学，2008.

[11] 赵倩. 水质调控对生物滤器生物膜培养的影响研究[D]. 青岛：中国海洋大学，2013.

[12] 欧阳超. 曝气加电解脱氮除磷技术在畜禽养殖废水处理中的应用研究[D]. 上海：上海交通大学，2010.

[13] 姜妍君，强志民，董慧峪，等. 海水循环养殖系统水处理工艺综述[J]. 环境化学，2013，32（3）：410-418.

[14] 陶晓彦，肖建军. 臭氧负离子联合杀菌在冰箱中的应用研究[J]. 家电科技，2005（2）：47-50.

[15] 陈丹青，马旭洲，张文博，等. 泰兴高沙土地区幼蟹养殖对水环境的影响[J].江西农业大学学报，2020，42（5）：970-978.

第5章 工厂化水产品养殖模式

5.1 工厂化海水养殖模式

5.1.1 石斑鱼养殖模式

1. 生活习性

石斑鱼为底栖、肉食性鱼类，大多栖息于温带、热带等底质多岩礁的海域，但其活动范围很小，喜吞食鱼虾类，具有肉质嫩、个体大及生长快等特点。其体色美，经济价值高，营养丰富，深受国内外市场的喜爱，尤其在港澳地区，石斑鱼更是被寓意代表着吉祥，是享有美誉的上等佳肴（图 5-1）[1]。

图 5-1　石斑鱼

石斑鱼类是广盐性鱼类，其对盐度的适应范围为 11～40，对水温的适应范围为 22～28℃，当水温下降到 15℃以下时，石斑鱼就会停止摄食活动，且静止不动，这个时候若得病，就很容易死亡[2]。大多数石斑鱼具有性逆转特性，且雌性比雄性先熟，在人工养殖中培养雄性亲鱼需要花费大量的时间、物力、人力。因此，雄性亲鱼的获取是影响生产过程中石斑鱼苗种数量的重要因素之一。根据组织切片发现，石斑鱼性腺组织可分为 3 种：①雄性；②雌性；③间性，即一个亲体中同时存在雌雄两性。石斑鱼与许多鮨科鱼类一样，雌性先熟且雌雄同体，从性分化发生开始，其最先表现为雌性，待长大到一定程度就会转变为雄性。发生性转变的条件根据种类不同而不同，例如，福建沿海区域的赤点石斑鱼性转变与年龄有关，其性成熟年龄大多为 3 龄，从雌性转变成雄性的性转变年龄通常为 6 龄；浙江北部沿海区域的青石斑鱼性转变与体长有关，当体长为 250～340mm 时，雄鱼仅占总个体数的 6%～23%，当体长为 350mm 时，雄鱼可占总个体数的 50%左右[3]。

2. 饲养方式

1）苗种选择

选取游动敏捷、大小均匀、体格健壮、体色亮丽的鱼种（体长为 6～8cm）进行工厂化循环水养殖，鱼种移入车间时，需用淡水与高锰酸钾溶液的混合液浸泡鱼体 3～5min，以杀死寄生在鱼体体表、鳃及口腔等部位的病原微生物，避免鱼体受伤感染，提高成活率和降低疾病发生率[4]。

2）饲料投喂

工厂化循环水养殖系统对投喂的饲料配方、加工工艺及投喂方式有较高的要求，饲料投喂不仅要满足养殖品种对营养的需求，还要尽可能降低其对养殖系统的不良影响，通过改变投喂方式、选择合适的饲料等策略使其适用于工厂化循环水养殖系统[1]。例如，养殖石斑鱼时，应当选用石斑鱼可食用的缓沉性饲料，饲料的沉降速度应当与石斑鱼摄食行为相匹配；采取"少量多次"及"慢—快—慢"的投喂方式；当石斑鱼体长为 8～12cm 时，投喂频率控制在 3 次/d，当体长大于 18cm 时，投喂频率控制在 2 次/d；投喂时先投撒少许饲料，引诱鱼群集聚后大量投撒，待鱼群抢食完后再次投喂，视鱼的摄食情况来确定投喂量，每次投喂量占其体重的 3%～5%，摄食度最好控制在七八分饱，投喂时应撒匀、撒开，尽量使全部鱼都能摄食到[2]。

3. 繁育方式

1）亲鱼选择

亲鱼可于自然海区捕捞，也可人工繁殖。雄鱼选择体重大于 1.5kg 且轻压其腹部能流出精液的；雌鱼选择体重在 0.5～1.0kg 且腹部膨大柔软的。雌雄亲鱼按照（1∶1）～（1∶3）的比例进行搭配。石斑鱼属于雌性先熟的雌雄同体鱼类，其转化为雄鱼的年龄约在 6 龄。近年来，由于大肆捕捞，自然海区内的石斑鱼生殖群体存在雄性少、雌性多的性比失调现象，且在目前养殖条件下培育大个体高龄雄性亲鱼的费用高、时间长，因此，性腺成熟的雄鱼不易获取是导致选择亲鱼困难的重要原因之一。为了解决这个问题，可对雌雄同体的赤点石斑鱼使用外源性激素 17α-甲基睾酮来进行诱导，使雌鱼提前 3～4 龄转变为具有生殖功能的雄性亲鱼，且 17α-甲基睾酮可抑制卵黄生成，还可影响卵原细胞分化和增殖。对 2～4 龄鱼投喂 50d 药饵，每次投喂剂量约 5mg/kg（累积量 241.3mg/kg），可使性转变的雄性亲鱼流精率达 90%以上，授精率达 80%以上，且胚胎正常发育。为了解决使用雄性激素药饵投喂法时由于摄饵量不均而造成的性转变效果不稳定及每天投饵费时、费工等问题，可使用雄性激素埋植法，即将 17α-甲基睾酮植入鱼体来诱导石斑鱼提早进行性转变。同时，可一次性将 17α-甲基睾酮埋植到 3～7 龄的成熟赤点石斑鱼雌鱼体内，50～90d 后雌鱼便可转变为雄鱼，该方法可使石斑鱼性转变过程提早 5～6 龄。用其精液得到的受精卵的受精率可达 70%以上，孵化率可达 95%以上，仔鱼正常发育，可达到人工繁殖的目的。在相同处理条件下，高龄雌性鱼的性转变时间比低龄鱼短，且较易获得释精的变性雄鱼。因此，在人工繁殖中应当尽量选择个体较大且较高龄的雌鱼做变性处理，这样效果会比较好[3]。

2）人工授精

石斑鱼宜采用干法授精法进行人工授精。亲鱼在注射第二针催产剂后 10～13h 即可产卵，此时由上而下轻压雌鱼腹部，将成熟的鱼卵挤入已消毒的白瓷碗中，反复 5～6 次后便可将亲鱼轻轻放回蓄养池中。之后，再用同样的方法将雄鱼的精液挤入上述白瓷碗的卵堆上。石斑鱼精液极少，需反复挤 5～6 次，挤出 1～2mL。待完成最后一次挤精后，需用已消毒的洁净羽毛对碗中的卵和精液进行搅拌，1～2min 后向碗中加入少量消毒海水，之后再搅拌 5min，完成搅拌后将其倾倒在已消毒的小脸盆中，再加入少量消毒海水轻轻搅匀，静置片刻，随后可观察到在水的中上层漂浮着所有受精卵，而未受精的卵或死卵沉淀在底部。最后用消毒海水将受精卵洗净，除去多余的精子，防止多精受精，并将受精卵移入孵化器中孵化[1]。

3）孵化

石斑鱼产浮性卵，故其孵化应在环道孵化缸或孵化器中进行。孵化时，鱼卵密度为 50～100 粒/L 海水即可，水流速度以能使仔鱼或鱼卵漂浮为佳。孵化用水的要求是清新且需经砂滤及紫外线灭菌。盐度范围为 30～33，水温约为 25℃，需保持环境条件稳定。在孵化过程中需要适当充气，使海水 DO 浓度保持在 5mg/L 以上。孵化中需及时清除死卵，以避免水质变差。青石斑鱼和赤点石斑鱼在以上条件下，产卵受精后约 24h 便可以孵出鱼苗[1]。

5.1.2　南美白对虾养殖模式

1. 生活习性

南美白对虾（图 5-2）是当代养殖虾类中产量最高的三大品种之一。此类虾具有以下5 个优点：①营养需求低，饵料中的蛋白质含量只需在 25%～30%即可满足其正常生长的需要，而中国对虾对饵料的蛋白质含量需求一般在 45%左右；②繁殖时间长，可整年进行苗种生产；③生长快，适应性强，可进行高密度养殖，且成活率一般可达 70%以上；④肉质美味鲜嫩，加工出肉率可达 65%以上，而中国对虾的加工出肉率一般不超过 60%；⑤离水后的存活时间长，可销售活虾且产品价值高。南美白对虾的这些优点，使得其成为世界各地竞相养殖的品种[5]。

南美白对虾的繁殖期通常较长，在其主要分布区域内全年可见怀卵亲虾。自然海域里，南美白对虾一般生长到 12 个月以上，头胸甲的长度达 40mm 左右时便会出现怀卵个体。但在池内养殖条件下，其卵巢不易成熟。雌虾纳精囊属于开放性纳精囊，繁殖过程为：先蜕皮（雌体）、成熟，然后交配（受精）、产卵，最后孵化。闭锁性纳精囊（如中国对虾等）与开放性纳精囊有很大差别，闭锁性纳精囊繁殖过程为：先蜕皮（雌体）、交配，再成熟、产卵，最后孵化[6]。

图 5-2　南美白对虾

2. 饲养方式

培育虾苗期间，多使用轮虫、卤虫幼体等，使用量根据情况调整，用养殖桶或水泥池培养。

1）轮虫的培养

轮虫在室内、室外均可进行培养，其培养多为半连续性培养，即在使用时采收部分轮虫，接着放入新鲜饵料继续培养，观察轮虫的生长情况（即观察轮虫的密度），用吸管吸取 1mL 观察计数，当轮虫密度过高时，可采用稀释的方法重新进行计算。轮虫饵料主要为浮游藻类（小球藻等），其次为酵母菌和有机碎屑等，饵料不能太多也不能太少，当水体透明度达到 30cm 以上时，饵料缺少，需及时补充有浮游植物的肥水。当水体透明度约为 10cm 时，饵料充分，此时应减少饵料的投喂，注意水体的 DO，避免虾苗缺氧死亡[2]。

2）卤虫的培养

夏季有丰富的卤虫饵料资源，多采用室外土池养殖卤虫，可向养殖池中投入大量的粪便，使卤虫摄食大量的菌类及有机碎屑，快速生长，但是卤虫携带的杂菌多，使用时可先用碘等消毒液消毒。在其他季节，卤虫资源较少时，养殖场可采用室内培养的方式（如玻璃纤维桶等），投喂酵母或小球藻等饵料。卤虫为非选择滤食性生物，所以易于培养，卤虫越大，需要的 DO 越高。每天需换水的 1/3 左右，且要注意换水时温度及盐度的变化。卤虫孵化后 10d 左右即可产卵，产卵后即可大量繁殖[2]。

3. 繁育方式

1）亲虾的选育

亲虾在入池之前，一般要用 300mg/L 的福尔马林浸泡 4min 左右，入池的放养密度一般为 10~15 尾/m²。做好海水加热的处理，不同种类的对虾对温度的要求不一样，在满足虾类越冬的情况下，温度不宜太高，每日温度变化不要超过 1℃，在冬季进行育苗时，更要注重温度的调控，将虾放入池中时要小心操作，尽量避免损伤，以防止虾患病[3]。

　　工厂化养殖亲虾多为人工养殖成虾并进行强化培育，考虑到亲虾携带的病毒，在挑选虾苗之前应进行隔离消毒，挑选外表光鲜亮泽、体格强壮、硬度大、活力强、附足头须健全、无机械性损伤、头部正常、无明显黑斑病及白斑病等症状的亲虾，雌雄比例最好为 3∶1，体重在 35g/尾以上。

　　近几年，南美白对虾高密度养殖模式迅速发展，逐步提高了对投饵的科学性要求，若投饵方式不当，则不能将饲料均匀地投喂给每尾虾，从而可能会导致其生长参差不齐，且造成饲料浪费，降低饲料使用率，提高养殖成本。若投饵频率为每天 1～5 次，增加投饵频率可显著提高南美白对虾的生长速率，但投饵频率高于每天 5 次并没有提高南美白对虾的生长速率。投饵频率为每天 3～15 次时，增加投饵频率则对南美白对虾的生长几乎无影响。相关文献所报道的投饵频率与生长之间的关系存在着差异，可能是因为饵料成分、投饵水平和密度范围等有所不同。对虾的饵料以配合饲料、沙蚕、冰冻卤虫等为主，一般日投喂量在对虾体重的 8%左右[6]。

　　南美白对虾利用蛋白质、脂肪和碳水化合物等能量代谢底物的能力受环境因素影响。随着温度的升高，其体内的蛋白酶活性提高、淀粉酶活性降低，碳水化合物提供能量的比例降低而蛋白质提供能量的比例增加。随着养殖水体中氨氮浓度的升高，南美白对虾利用脂肪的能力加强，利用碳水化合物的能力降低。对于低盐度的环境，其耐受能力很强，这使得在低盐度水域内开发南美白对虾的人工养殖成为可能[5]。

　　2）虾苗的培养

　　受精卵经过十几个小时便可孵化成无节幼体，因为无节幼体体内还有卵黄，所以它不进食。无节幼体约经 6 次变态蜕壳后，可成蚤状幼体，由于卵黄已耗尽，且口器发育完善，因此这个时候便可开始进食。此时可对其投喂以下两种饵料：①单细胞藻类，要求其处于指数级生长期，生命力强，生长旺盛，颜色正常，悬浮或上浮，镜检细胞饱满，个体大，无大量沉淀和敌害，经检测不含有特定病原菌及弧菌，水质指标等一切正常；②卤虫幼体，卤虫幼体孵化出的卤虫无节幼体需经检测并确定不携带病原菌后才可投喂。虽然卤虫幼体成本高，但是这能打好虾苗的前期基础，后期虾苗便可快速生长，且后期幼苗存活率等都会随之提高[5]。

5.1.3　海蜇养殖模式

1. 生活习性

　　海蜇（图 5-3），俗称水母、水母鲜、石镜、蒲鱼及蜡等，钵水母纲，根口水母科，是海蜇属的统称。海蜇是生活在海中的一种腔肠软体动物，呈半球状，上部呈白色伞状，海蜇借以做伸缩运动的为海蜇皮，其下有 8 条口腕，再下有灰红色丝状物，可进行人工培育，目前已人工放流以增加其资源量；可入药，可供食用。在我国沿海分布的 3 种在录海蜇属为黄斑海蜇、棒状海蜇和海蜇，其中，个体最大的是海蜇，海蜇是渔业生产及加工食用的主要种类，目前也是人工养殖的主要对象。海蜇通常在水深 5～20m 的近岸海域生活，其广泛分布于中国、日本、朝鲜半岛沿岸和俄罗斯远东海域；在我国沿海北起鸭绿江口、南至北部湾及其附近海域均有分布，其中，主要分布海域有东海、黄海和渤海。黄斑海蜇主要分布于南海。海蜇对水温的适应范围为15～32℃，对盐度的适应范围为12～36，其中，最适水温为18～24℃，最适盐度为18～28，海蜇常栖息于弱光环境（光照强度低于2500lx）[7]。

图 5-3　海蜇

2. 饲养方式

1）亲蜇的养殖

在自然海区内最好于8月末至9月初采捕亲蜇，此时水温在18～25℃，海蜇的生殖腺已经发育成熟，可采捕伞径大于300mm且质量在10kg以上的个体作为亲蜇。然后将采捕的亲蜇放在聚乙烯塑料袋中，在塑料袋中盛入2/3的海水，充氧完成后扎紧袋口并置于泡沫塑料箱中运输，1只亲蜇放于1个60cm×40cm的塑料袋中，温度保持在20℃，经3～4h运输，亲蜇的成活率可达100%[8]。

雌、雄海蜇成熟的生殖腺皆为乳白色，从颜色或外形上很难用肉眼区分，可从生殖下穴处用镊子取出一小块生殖腺，在显微镜下进行区分。在雌性生殖腺中，充满即将成熟和已成熟的卵母细胞，成熟的卵的形状为圆球形，卵径通常为80～100μm；在雄性生殖腺中，存在许多呈不规则肾形且排列紧密的精子囊，其破裂后放出精子。亲蜇按雌雄比例3：1分池暂养，暂养密度为1尾/m³，暂养期间需每天进行两次全量换水。通常将雌雄亲蜇分开蓄养，每个亲体占用的水体应不少于2m³，若密度较大，则应当增加换水次数。蓄养期间可向池内投喂小型浮游动物，每天投喂2～3次即可[8]。

2）幼蜇的养殖

受精卵经孵化后会变成浮浪幼虫，浮浪幼虫体表有纤毛，活动能力不强。浮浪幼虫是不进行摄食的，但需少量换水，可用300目的筛绢网过滤注水，浮浪幼虫的培育密度以6～10只/mL为宜。培育过程中应微量充气，生产上一般采用聚乙烯波纹板作为附着基，因为螅状幼体需要附着，否则会漂浮在水面上，且当投饵和换水时会损失掉。当浮浪幼虫生活至 10～15h 后，就开始进入螅状幼体期，浮浪幼虫附着变态时，其前端会附着在基质上形成足盘和柄部，后端形成触手和口。若其在变态时未碰到附着基，则在浮游状态下便会变态为螅状体，且柄部向上，倒悬浮于水面。海蜇的螅状体阶段持续时间比较长：当年 9～10 月采苗后，一直至次年 5 月经横裂生殖产生碟状体，历经 8 个多月，并含有越冬期。在此阶段，无性繁殖过程（螅状体—产生足囊—形成新的螅状体—新的足囊）贯穿始终。培育螅状幼体的关键是换水、投饵量、吸残饵，浮浪幼体附着后会变态为 4 触手的螅状幼体，此时，可向其投喂轮虫等桡足类生物，每 2d 投喂 1 次即可，但喂食量需是水螅体重的 3 倍，在摄食 2h 后换水。一周后 4 触手螅状幼体基本可长成 8 触手螅状幼体，其饵料主要为轮虫、卤虫幼体，每日喂食 2 次，摄食 2h 后进行换水及吸残饵，10d 左右便可生长成 16 触手螅状幼体，其投食量需为螅状幼体体重的 3 倍，每天喂食 2 次。螅状幼体在水温为 15℃以上时便可横裂生殖成碟状体。螅状体的生长发育情况直接影响碟状体的释放数量，为保证螅状体的营养，越冬后应更加注意饵料的充分供给。

初生碟状体无色且半透明，直径为 2～4mm。碟状体培育最佳密度为 10000 只/m³，培育期间少量充气，并增大换水量，饵料仍以卤虫无节幼体为主，投喂量约是碟状体数量的 15 倍，碟状体阶段一般每天投喂 2～3 次。摄食完成后需要多观察碟状体状态，不宜投喂太多饵料。碟状体培育 20d 左右，伞径可达 20mm，此时为幼蜇，幼蜇体色呈浅红色或金黄色，是养殖用的苗种[7]。

幼苗密度以 5～8 只/m³ 为宜。养蜇池应放水至 50～60cm 深后再进行投苗，视底质肥瘦不同，施用已发酵的有机肥繁殖基础生物，以满足幼蜇放苗初期摄食的需要。棚塘需常年进行生产，所以要设立不同的轮虫、卤虫、单细胞藻培育池，以繁育优质的生物饵料，同时还要视不同生长时期海蜇的生理需要进行分级投喂。在投苗时，要注意调节育苗池与养殖池的水温、盐度等相关理化因子指标，使其尽量趋于一致，避免因差异过大而影响成活率[3]。

在养殖中后期，可捕捞、收购野生轮虫、卤虫进行投喂，以弥补天然饵料的缺失。受棚内水体的限制，所投饵料必须鲜活、无污染，在投喂前应进行简单的消毒和漂洗，避免带入致病菌，导致养殖失败。

投饵量的控制需结合人工观察进行，可在棚内专设多个固定投喂点，以"八成饱"为界。根据海蜇在饱食后会逐渐散去这一特点，可用透明的取样瓶进行多点取样观察，以确定合适的投饵量。通常每日投喂 2～4 次即可。

3. 繁育方式

1）生殖方式

海蜇生活史中存在较为明显的世代交替，即有性世代和无性世代，前者是营附着生活的水螅体，后者是营浮游生活的水母体。海蜇的生命周期通常为 1 周年，雌雄异体，一般在每年 8 月中旬至 10 月上旬左右，黄海、渤海的海蜇能达到性成熟。雌、雄海蜇分别将卵子和精子排放到海水中，卵子、精子会直接在海水中完成受精形成受精卵，然后受精卵发育至浮浪幼虫，浮浪幼虫再变态发育至螅状体，螅状体形成足囊，并通过足囊的无性繁殖生产出新的螅状体；螅状体经横裂生殖生产出碟状体，碟状体再发育为稚蜇、幼蜇，待幼蜇生长到性腺发育成熟即为成蜇。因此，海蜇的有性世代主要是从碟状体到成蜇；而无性世代主要是从螅状体到碟状体，且有碟状体横裂生殖和足囊繁殖两种形式[8]。

不管是由有性繁殖所产生的受精卵发育而成的螅状体，还是由无性繁殖所产生的足囊发育而成的螅状体，在水温、营养等条件适宜时均可进行横裂生殖。无性繁殖是海蜇生活史中的一个重要环节，一般经足囊繁殖，螅状体的数量可增加 2～3 倍；螅状体再经横裂生殖可多次释放碟状体，一般 1 只螅状体平均可释放 5～20 只碟状体[3]。

2）人工授精及孵化

在受精前一天将培育水池刷净并注入新鲜海水，作为孵化池。然后在海水中加入浓度为 4～6mg/L 的乙二胺四乙酸，以提高孵化率。凌晨 5:00～6:00，将亲蜇从蓄养池转入孵化池，雌雄最佳搭配比为（2∶1）～（3∶1）。亲蜇的密度为 1～2 只/m³ 时，有利于雌雄个体之间排放能互相诱导的产物。移入亲蜇 1h 后，在显微解剖镜下观察从池底取的样品是否出现卵裂。然后每隔 20～30min 抽样观察 1 次，直至出现大量未受精卵解体或分裂卵为止。待卵裂约 3h 后，即可移出亲蜇，翌日可再重复利用。待孵化池池水静置 30min 后，上层水可通过胶皮软管虹吸排出，一般水位下降至约 30cm 时停止。排水时，应使池内端软管的管口向上，避免大量流失发育卵。在孵化当日下午，胚胎均孵化为浮浪幼虫，此时可使用体积法定量。孵化率一般在 60%左右[7]。

5.1.4　海马养殖模式

1. 生活习性

海马（图 5-4）又称水马、马头鱼、海狗子、龙落子等，是一种介类硬骨鱼，在分类上属于鱼纲刺鱼目海龙科海马属。海马属种类多、分布广，目前已知有 35 种，多分布于热

图 5-4　海马

带、亚热带近陆浅海海藻、海草生长丰富的海域。据相关文献记载，国内现存 8 种海马，常见的有 5 种，即大海马、三斑海马、刺海马、冠海马和莫氏海马。海马有"南方人参"之美誉，属于名贵的药用海水鱼类之一。《神农本草经》中早已有相关记载：海马性温、无毒、味甘，具有舒筋活络、强身补肾、退热生肌、止痛止血、妇人催生、祛痰平喘、强心明目等功能。据国内医学文献记载及民间相关应用经验，海马对遗尿、阳痿、虚喘、难产、不育、跌打损伤、腰酸背痛、神经系统及乳腺癌等疾病的疗效皆显著，故在中医药上海马拥有特殊的需求地位[9]。

2. 饲养方式

海马靠吻和鳃的开闭、伸张活动来吞吸食物，由于海马无牙齿，所以饵料的大小应不超过其吻径。对自然海区海马的食性进行分析，可知其食物种类以小型的甲壳动物为主，如枝角类、桡足类、端足类和糠虾、毛虾、磷虾、萤虾及其他虾类的幼体等，8:00～10:00及 16:00～18:00 多为其摄食高峰期。人工养殖海马的幼苗阶段，主要投喂糠虾和桡足类，日投饵量占海马体重的 15%～20%；仔海马阶段主要投喂糠虾及各种虾类的仔虾，日投饵量占海马体重的 10%～15%；成体阶段主要投喂碎虾肉或小型虾，日投饵量占海马体重的5%～10%[2]。

幼海马从育儿袋中离开后，随着在水中运动，能量不断被消耗，若运动超过 24h，则幼海马的能量不足以让它追逐摄取饵料，所以应该在幼海马出生 24h 内投喂饵料。卤幼、轮虫、桡足均为海马良好的开口饵料，不同大小的幼海马需投喂不同密度和不同大小的饵料，饵料搭配以卤幼：轮虫：桡足为 1:1:4 最为合适，这样不仅费用低，且可获得较高成活率[10]。

海马生长的速度同外界条件关系密切，饵料充足，水质良好，水温适宜，生活条件好，其生长速度就快，反之则慢。通常 6 月以前出生的幼苗，经过 4～5 个月的饲养，便可长成体长在 10～12cm 的成体，且达到性成熟并开始发情繁殖后代。但 8 月以后出生的幼苗，通常要到次年的 3～8 月才能长为体长 10～12cm 的性成熟成体，然后才开始发情繁殖后代。

3. 繁育方式

1）亲海马的选育

人工繁殖海马在进行海马挑选时需注意：选择亲海马的标准是体格强壮、个体较大，雄海马体长达 10cm 以上，育儿袋发育良好，有婀娜多姿的曲线；雌海马体长 8cm 以上，鳍条完整，体表无伤，腹部较圆润，吻管粗大，摄食能力很强。

幼海马经过 5 个多月的养殖，基本能达到繁殖需求，但是此时海马的性腺未发育成熟，为了保证初胎不早产和后代海马苗的质量，必须在计划繁殖前一个月，进行性腺的成熟培育。培养的环境条件如下。①水温：从计划繁殖前一个月开始，逐渐升温，升温的方式是每上升 1℃，稳定 7d 后再上升，直至保持在 28℃，以促使性腺发育成熟。②光照：光照时间应保证 16h，且光照强度逐步提高到 3000lx，阴雨天应采用人工辅助光源。③水流：循环水的流速约为 0.1m/s。④饵料：投喂新鲜糠虾和卤虫，早晚各一次，自升温起，应视海马食欲，逐日增加投饵量，日投喂量为海马体重的 8%～10%[9]。

2）幼苗品质区分

优质苗：刚出生的幼海马通常体色黝黑，一般悬浮于水中或漂浮于水面，在水中能抗击水流，遇到刺激或危险能快速游动。例如，用渔网去打捞幼海马，优质苗便能迅速游开，并逃离抄子或试图钻出抄子的网眼，利用尾巴灵巧地勾住抄子。因此，要想打捞繁殖池中的幼海马，使用的渔网网眼不能过疏，以防止海马卡在网眼里面或尾巴勾住网眼不放，应选用网目在 100 目左右的抄子。

劣质苗：劣质幼海马一般体色发白，身体残缺，发育不完全，头部畸形，最为明显的是其腹部带有卵黄囊，在池底侧躺，游泳能力极差。这种劣质苗无法长成成体，没有养殖价值，常见于极端条件刺激下早产或第一次生产的海马[10]。

3）及时分苗

幼海马放养密度是影响海马成活率的一个重要因素。经反复试验得出，刚出生的优质苗最佳放养密度为 5 尾/L，养殖 10d 后需降到 1.5 尾/L；养殖 20d 后需增加到 4 尾/L；养殖一个月后需降到 0.5 尾/L。放养密度过大，易导致海马应激不摄食，此时需加大换水量。养殖密度过小，需要投喂一定密度的饵料才能保证海马能够摄取到饵料，但这有可能造成海马不能将饵料吃完，浪费饵料，败坏水质[9]。

5.1.5　刺参养殖模式

1. 生活习性

刺参（图 5-5）又称沙噀，刺参科，圆筒形，背面隆起，体长 20～40cm，有 4～6 行大小不等、排列不规则的圆锥形肉刺；腹面平坦，管足密集，排成三条纵带；口偏于腹面，有约 20 个楯状触手。不同的生活环境影响其颜色、体形、大小和肉刺的多寡：生活于岩石底和水温较低海区的个体，其体色为黄褐色或深褐色，且体壁较肥厚；而生活于海藻底层的个体，体型较大，且常带绿色，肉质也较厚。刺参常栖息于水深 3～15m 处，其活动能力较弱，在海底多利用肌肉和管足伸缩做迟缓运动。刺参主要分布在日本、朝鲜及俄罗斯远东近海，在我国主要分布在辽宁、河北及山东沿海[11]。

图 5-5　刺参

1）刺参的食性

刺参主要通过其触手来摄取底质表层泥沙中的硅藻、海藻碎片、桡足类、原生动物、虾蟹蜕皮的壳、贝类的幼贝、细菌、木屑及腐殖质等为食，或无选择性地摄食。有报道称，刺参重要的饵料来源是沉积物中的底栖硅藻和微生物，其非常容易吸收细菌性饵料。刺参通常在白天不活跃，且摄食量很小，但在夜间非常活跃，且摄食量很大[12]。

2）排脏与再生

当受到强烈的刺激或水质过于混浊、温度变化过大等不良环境条件存在时，刺参会出现从肛门排出其内脏器官（包括肠、胃、生殖腺、背血管丛、呼吸树等）到体外的现象，这就是刺参的排脏现象。待排出内脏后，刺参在适宜的条件下能再生长出一套新的内脏器官，再生的速度受个体的健康程度及环境条件影响。通常排脏 25～33d 后刺参就可再生长出生理机能完善的呼吸树和消化道。刺参的再生能力很强，除了能再生长出内脏器官外，如果将其肉刺切断，5～7d 后原伤口处便可形成一隆起，约 30d 后便可再生长出一新的肉刺；如果将其管足切除，约 30d 后可再生长出一新的管足；如果将其触手切除，25～30d 后可再生长出新的且能正常摄取食物的触手[13]。

3）运动与夏眠

刺参腹部的管足是其运动器官，在运动时辅以肌肉的收缩和伸展，并向前缓慢做波浪式匍匐运动，10min 约可爬行 1m。其运动速度受栖息地的环境条件，特别是饵料的丰富程度影响。有报道称，在饵料丰富的条件下，刺参一昼夜可移动范围仅 1.5m 左右；在饵料缺乏、生活环境不良的条件下，可移动范围较大。

夏眠是刺参重要的生态特点之一，在夏眠期间，刺参会潜伏在岩石下等隐蔽处，停止活动和摄食，这段时间其消化道内营养物质逐渐消化到肠道并萎缩成细线状。其体重也会显著下降，失重率在 30%～40%。

在我国刺参进入夏眠的时间随纬度的升高而延迟，例如，山东南部沿海地区的刺参约在 6 月中下旬；山东北部沿海的刺参约在 7 月中上旬；辽东半岛沿海的刺参约在 8 月中下旬。但各地刺参夏眠结束的时间大致相同，通常在 10 月下旬至 11 月初。夏眠过程最短约 2 个月，最长约 4 个月。刺参的夏眠习性，明显抑制其生长的速度[12]。

2. 饲养方式

工厂化养殖刺参常用的饵料为人工配合饵料、海区活性泥和海藻磨碎液，其中需适当加入饵料添加剂（如多维多矿）等。人工配合饵料包括优质鱼粉、天然鼠尾藻粉、贝壳粉、酵母粉、免疫促进剂、微量元素、维生素等；海区活性泥包含微量元素、有机营养成分、活性物质等；海藻磨碎液主要含有多种大型藻类、底栖硅藻的细胞和有机碎屑及真菌、细菌等。刺参易于摄取、消化及吸收这些饵料，且能解决单细胞藻类饵料不足等问题。投喂的饵料应新鲜，无化学物质的毒害污染，无病原微生物。海区活性泥要用敌百虫和抗生素灭菌及杀灭桡足类，并除掉大型杂物后才能进行投喂。加工海藻时应先将大型藻类用粉碎机磨碎，然后用相应网目过滤。海区活性泥和海藻磨碎液要当天加工及投喂，不宜长时间放置[13]。

投饵量根据池底水质状况、水温、参苗规格和密度、剩余残饵量、实际摄食量等加以调整。投喂时需用自然海水均匀稀释配合饵料，然后置于海水中浸泡 10～15min，再与 30%～40%的海藻磨碎液及活性海泥均匀混合，最后按所需用量将饵料均匀地洒在整个养殖池内。通常每两天投喂一次饵料，在下一次投饵前应先把附着基和池底上的粪便、残饵等污物冲刷干净。如果投饵量不足，可仅补充投喂适量海区活性泥饵料；如果池内残饵较多，则需考虑饵料不适合或水质不良等问题，及时查找原因，避免影响刺参的生长[13]。

3. 繁育方式

1）参苗的选择

通常刺参的工厂化养殖是选择大规格苗种（3～10g/头），也称"越冬苗"，放养时间为每年 4～6 月。刺参苗种选择标准为参体匀称、自然伸展，体表干净、无损伤、无黏液，管足附着力强，肉刺完整坚挺，粪便干燥且呈粗条状。在放养时，要保持苗种池水质与养殖池水质一致，各池中放养的参苗规格也要求整齐一致。

2）参苗的放养

养殖池的面积、苗种规格和养成规格、增氧设施、技术管理水平等因素决定放养密度，通常规格为 100 头/kg 的刺参苗，放养密度约为 150 头/m²；规格为 200 头/kg 的刺参苗，放养密度约为 300 头/m²；规格为 400 头/kg 的刺参苗，放养密度约为 450 头/m²[3]。

5.2　工厂化淡水养殖模式

5.2.1　罗非鱼养殖模式

1. 生活习性

罗非鱼（图 5-6）原产于非洲，属于鲈形目丽鱼科罗非鱼属，该属有 600 余种，但目前被养殖的只有 15 种。罗非鱼具有不耐低温、食性杂、耐低氧和繁殖能力强等特点，是以植物为主的杂食性鱼类。消化道内含物主要为有机碎屑及其他植物性饵料（如商品饵料、水草类等），其次为少量底栖动物、浮游植物和浮游动物。罗非鱼有很强的耐低氧能力，其窒息点的 DO 浓度为 0.07～0.23mg/L，水中 DO 浓度为 1.6mg/L 时，其仍能存活和繁殖；水中 DO 浓度为 3mg/L 以上时，对其生长影响不大。罗非鱼生存适应温度范围为 15～35℃；当水温低于 15℃时，罗非鱼就会处于休眠状态；其能适应的最高温度为 40～41℃，最适宜生长的温度范围为 28～32℃；其繁殖温度在 20℃以上。罗非鱼性成熟较早，产卵周期较短，在口腔孵育幼鱼，对繁殖条件要求不高，可在大面积静止水体内进行自然繁殖。通常罗非鱼生长到 6 个月即可达到性成熟，重 200g 左右的雌鱼，怀卵量一般在 1000～1500 粒，在繁殖期间，雄鱼腹部有泌尿生殖孔和肛门两个孔，挤压其腹部会流出白色精液，而雌鱼腹部有 3 个孔，即生殖孔、泌尿孔和肛门。水温在 18～32℃时，成熟的雄鱼具有"挖窝"能力，此时，成熟的雌鱼会进窝配对，待产出成熟卵子后便立刻将其含于口腔，完成受精，然后受精卵在雌鱼口腔内发育；

水温在 25～30℃时，仅需 4～5d 即可孵出幼鱼。幼鱼待卵黄囊消失且具有一定能力时便会离开母体[14]。

图 5-6   罗非鱼

2. 饲养方式

1）精选饲料

高效养殖罗非鱼需要对饲料进行精选，应将优质、全价饲料作为首选，保证饲料中的蛋白质含量满足罗非鱼生长发育需求。夏季罗非鱼生长速度最快，因此必须保证饲料含有充足的蛋白质。通常情况下，在罗非鱼养殖初期，饲料中的蛋白质含量应不低于 33%，当罗非鱼个体重量普遍达到 190～200g 时，可以适当降低饲料中的蛋白质含量，而个体重量普遍达到 290～300g 后，罗非鱼就正式进入生长最快的阶段，此时，要保证饲料中的蛋白质含量在 35%以上。除了蛋白质外，饲料中还要有其他营养成分，应定期投喂青饲料、动物性饵料等，以确保营养均衡、全面[15]。

2）适时投喂

在罗非鱼养殖中，非常讲究饲料的投喂时机，可通过季节和气温的变化，适当调节投喂时间。这样除了能够提升饲料的投喂效果之外，还能使饲料得到高效利用。若投喂时间不对，不仅容易造成饲料浪费，还可能使池水受到污染，从而导致养殖成本增大，影响罗非鱼的健康生长。夏季与秋季的天气变化比较大，在这两个季节，应选择每天池水中溶解氧含量最高的时间段，并结合池水温度投喂饲料。例如，池水温度低于 20℃，每日投喂 1 次饲料即可，投喂时间既可以选择上午，也可以选择下午，但要避开中午；当水温达到 25℃后，可以增加饲料的投喂次数，以 2 次/d 为宜，上、下午各投喂 1 次；当水温达到 30℃时，则应当将饲料的投喂次数增加到 3 次/d，投喂时间为上午、下午和夜间[5]。若遇到阴雨天或池塘中水的溶解氧含量过低，则可适当减少投喂次数[14]。

如果投喂的饲料在 60min 后全部被罗非鱼吃掉，则表明鱼并未达到吃饱状态，此时应增加饲料投喂量。如果投喂的饲料在 120min 后还未被全部吃掉，则表明大部分鱼都达到七分饱以上，此时可以适当减少饲料投喂量[14]。

罗非鱼投放时以长度为 15cm、质量为 100g 的规格为宜，投放密度应适中。需要注意的是，投放时应小心，以免造成不必要的损伤，影响罗非鱼的健康生长[7]。

3. 繁育方式

性成熟后的罗非鱼性别鉴别较为容易，一般肉眼即可区分。在其腹部肛门的后部有一个小生殖突起，通常雌鱼的生殖突起有 2 个孔，生殖孔开口靠近生殖突起的中部，泄尿孔位于生殖孔之后，开口在生殖突起顶端；而雄鱼的生殖突起仅有 1 个孔，即泄尿孔、生殖孔合为一孔，称为泄殖孔[15]。

繁殖所用亲鱼应尽量选择生长快、个体大、无伤病、体质健康的优良个体，这样可使其后代继续保持遗传优势。尼罗罗非鱼雌鱼通常应挑选个体体重大于 150g 的，雄鱼则应选大于 250g 的。罗非鱼在繁殖时，雌雄比例通常为（3～5）∶1，即雌鱼应多于雄鱼，这有利于提高出苗率[3]。

以尼罗罗非鱼为例，在适宜的环境下，从孵出鱼苗起，一般 5～6 个月性腺就可以发育成熟，1 年内能产孵 2～4 次。中国饲养的罗非鱼，其生殖习性大多属口育型，即鱼卵、鱼苗均在亲鱼口中孵育。当水温在 19～33℃时，性成熟的罗非鱼雄鱼不仅在体表上呈现出明显的婚姻色，还会独自游至池水浅滩处用尾鳍清扫和用口挖掘淤泥，直至在池里建成呈圆锅形的产卵窝，雌鱼产卵则通常为分批产出。一般情况下两者每隔 2～3min 便会重复产卵、射精及含卵等行为，直至雌鱼产尽。在水族箱、水泥地等无法挖窝的环境中，雄鱼则会用尾鳍清理底部，划地为窝，然后进行上述活动[3]。

当水温在 30℃左右时，受精卵在雌鱼口中经 4d 左右孵出鱼苗，鱼苗仍会留在雌鱼口中，以免因对环境不适或受水中敌害侵袭而死亡。待鱼苗的卵黄囊完全消失，且具有一定游动能力时，鱼苗便会离开母体口腔，不过仍会继续成群游动在雌鱼身边，若遇危险，鱼苗会迅速集成一团，且雌鱼会将鱼苗吸入口内，待环境安全时再吐出鱼苗[14]。

5.2.2　加州鲈鱼养殖模式

1. 生活习性

加州鲈鱼（图 5-7）属太阳鱼科，黑鲈属，为温水性淡水鱼，适宜生长的水域环境温度为 1～36℃，最佳生长温度为 20～25℃，10℃以上便开始摄食，主要栖息在水温较高的池塘

图 5-7　加州鲈鱼

与湖泊浅水处，或水流缓慢的溪流。当其正常生活时，水中 DO 浓度要求在 4mg/L 以上，当 DO 浓度低于 2mg/L 时，幼鱼出现浮头。加州鲈鱼对盐度的适应性较广，不仅可在淡水中生活，还能在含盐量 10% 以内的海水中生活。其生性凶猛，以鱼、蟹、虾等为食[16]。

2. 饲养方式

加州鲈鱼食欲旺盛，生长迅速，属肉食性鱼类，需遵循慢—快—慢的方式进行饲料投喂。待鱼种放养之后从第 3d 开始对其进行 0 号浮性颗粒全价饲料投喂，饲料蛋白质含量约为 50%。鲈鱼鱼苗在第 3～6d，每天 11:00 及 15:00 各投喂 1 次；从第 7d 开始，改为 3 次/d，分别于早、中、晚各投喂 1 次[16]。

投喂中还需对鱼苗生长情况进行观察，及时按照鱼苗的生长情况对投喂的饵料量进行调整。幼鱼每天需按照鱼体重量的 5%～8% 进行投喂，投喂时还需结合具体水质情况及水温、天气对喂食量进行调整。鱼在正常进食时的投喂可以选择抛投法，同时尽量延长饲料在水中的运动时间，这样才能更好地诱导加州鲈鱼过来抢食。饲料应投放到网箱中间区域，不能投喂到周边，一旦投喂到网箱周边，鱼群在抢食中很容易损伤鱼体。投喂的所有饲料必须在保质期内，不能投喂变质或过期饲料，这样才能降低鱼苗的患病概率。

应选择体长为 4cm，已驯养且食全价饲料的正规鱼苗厂所培育的无损伤的健康鱼苗。鱼苗到达后，当水温高于 12℃ 时放苗。放养前应将其用 3% 的食盐水浸泡 5min，或者用 10% 的聚维酮碘浸泡 5min，来提高鱼苗的成活率[17]。

为确保鱼苗正常生长，养殖过程中需做好日常管理。鲈鱼生长不均衡性强，并且有"大吃小"现象，养殖中需适时分鱼。分鱼后饲料的粒径应相应增大，确保鲈鱼的适口性。分鱼时需小心操作，分箱后将鱼种用帆布集中到网箱一角，并用 3% 的食盐水浸泡 10min 以消毒防病。每天需对养殖的情况进行巡查，加州鲈鱼重达 0.40～0.75kg 时即可上市销售[16]。

3. 繁殖方式

加州鲈鱼通常需 1 周年以上才会成熟，自然产卵时间在 2～7 月，其中 4 月为产卵旺盛期。繁殖时适宜的水温范围为 18～26℃，最佳水温范围 20～24℃。加州鲈鱼属于多次产卵型（3 次），体重为 1kg 的雌鱼怀卵 4 万～10 万粒，每次产卵 2000～10000 粒。以现在的养殖技术水平，主要采用自然排卵受精方式，受精卵为半透明黏性卵，黏附在鱼巢上，卵径为 1.3～1.5mm[16]。

在对加州鲈鱼鱼苗进行人工孵化的过程中，可用棕榈树叶皮做成鱼巢，并将其布置在产卵池塘边水深 30～40cm 处，以供加州鲈鱼排卵，之后需每日收集鱼卵并将其及时移至专用孵化池里孵化。孵化池内水温应保持在 20～24℃，约 30h 便可孵化出鱼苗。刚孵化出的鱼苗体色近白色、半透明，体长为 7～8mm，集群游动，在出膜后约 3d 内会消化体内卵黄囊，不需额外摄食，之后便开始摄食轮虫、小球藻，最后开始摄食桡足类、枝角类等浮游生物。

5.2.3 鲟鱼养殖模式

1. 生活习性

鲟鱼（图 5-8），是现存起源最早的脊椎动物之一，具有病害少、个体大、生长快等优点。20 世纪 70 年代左右，国内外就开始逐渐进行鲟鱼人工养殖的研究。国内对鲟鱼人工养殖的研究起步晚，且养殖方式粗放，易受自然条件影响。在对达氏鲟、史氏鲟等进行养殖开发的同时，国内也积极引进国外品种，如西伯利亚鲟、俄罗斯鲟、欧洲鲟、小体鲟、闪光鲟、匙吻鲟等。目前国内已试养了十几种鲟，经过现代养殖的发展，鲟鳇杂交种、史氏鲟、匙吻鲟和西伯利亚鲟等已达到一定养殖规模，其产量占养殖鲟总产量的 90% 以上[18]。

图 5-8　鲟鱼

2. 饲养方式

刚孵化出的鱼苗以卵黄囊为主要营养源，并暂养于孵化缸内，其暂养密度约为 10000 尾/缸，6～7d 后，完成对卵黄囊的吸收，鱼苗便会逐渐爬边，此时可开始投喂鲟鱼仔鱼微粒专用饲料。前 18d 每隔 2h 投喂一次，之后每隔 3h 投喂一次，全天 24h 循环。此阶段成活率约为 50%[2]。

鲟鱼养殖实行定量、定时、定位的投喂原则。鲟鱼适于食用鲟鱼沉性颗粒饵料，鱼个体大小不同，投喂的饵料粒径也不同，且投喂次数和投喂量也应根据鱼具体生长情况灵活调整：个体体重小于 50g 时，每日投喂 5 次，日投饵率约为 10%；个体体重在 50～200g 时，每日投喂 4 次，日投饵率约为 6%；个体体重大于 200g 时，每日投喂 4 次，日投饵率约为 4%。每次投喂时间应控制在 40～60min。因为鲟鱼惧怕强光，所以投喂时间应为每天黎明和黄昏[18]。

一般控制养殖池水温为 19～23℃；需保持微流水，通常水流流速为 0.1m/s；DO 浓度大于或等于 5mg/L；NH_4^+ 浓度小于或等于 0.0125mg/L；NO_2^- 浓度小于或等于 0.2mg/L；pH 为 7.7～8.5；每天分早、中、晚三次进行鱼池水温和 DO 的监测。在养殖鲟鱼的过程中，有较多粪便和残饵，为保证水质清新，使鲟鱼生存在一个良好环境中，通常每周要进行 2~3 次排污和鱼池清洗，每次排污放水量在总水量的 50%左右，边清洗边排，将池内污物彻底清除[18]。

3. 繁育方式

1）亲鱼成熟度鉴定

鲟鱼成熟雌、雄鱼的特征差异不明显，需使用特制取卵器从生殖孔探入鱼体的中后部，成熟雌鱼表现为有少许卵粒取出，卵粒粒径大多大于 3.0mm，颜色为黑绿色，呈圆粒形，有弹性和光泽，两极分化较明显，动物极端出现白色或无光泽的极斑；成熟雄鱼则会将体背尾部弯曲成"弓"状，若用手轻压生殖孔，则有少许精液流出[18]。

2）人工催产

人工催产的水温需大于 18℃。催产剂可选用促黄体素释放激素 A2（luteinizing releasing hormone A2，LRH-A2）或马来酸地欧酮（dione maleate，DOM），需根据亲鱼发育状况来确定催产方法和注射剂量。成熟得特别好的雄鱼也可不进行注射。催产剂的注射部位为背部肌肉，注射后的亲鱼，分别暂养，并给予流水刺激，同时观察亲鱼活动，定期检查鱼体变化。雌鱼开始排卵时，表现为游动活跃且频繁撞击水面，当轻压下腹部且生殖孔有卵粒流出时，便可取卵。取卵时间控制在 30min 左右，最长不宜超过 45min，否则会影响受精率[18]。

3）人工授精

用挤压法采集精液，雄鱼可反复多次采集；用剖腹法采集卵粒。在授精时，将鱼卵放入精液中并均匀搅动 3~5min，使精卵充分接触、结合，静置片刻后，将污水排尽。鱼卵受精后 5min 左右会出现黏性，15min 左右时，黏性达到最大强度。选用滑石粉作为脱黏剂，将鱼卵倒入脱黏水溶液中并不断搅动，使之不出现结块现象。当鱼卵全都呈分散颗粒状，且静置时不再结块即达到了脱黏效果，整个过程需 50~60min[9]。

4）及时分鱼

随着鲟鱼的生长，需将大小不同的鲟鱼分开，将规格相近的放在一起饲养。在养殖过程中，需每隔 30d 选出体型瘦弱的鲟鱼进行专料专池培育复壮，开口食料的复壮率可达到 70%。这是保证人工养殖鲟鱼高产的重要技术措施。

通常情况下，鲟鱼沿池底游动，当鱼生病或水体缺氧时，鲟鱼便会游到水体的中上层，并表现出不安定状态，这时应及时检测水体透明度、水温和溶解氧含量，检查鱼是否生病。发现伤鱼、病鱼时，应及时捞出，并采取相应的治疗措施，防止疫病传播。同时，应根据鱼的体重调整放养密度和投饵率，每隔 15d 打一次样，记录其生长状况，统计养殖效果。

5.2.4　鳗鱼养殖模式

1. 生活习性

鳗鱼（图 5-9）作为世界上最纯净的水生生物，喜欢栖身在无污染、清洁的水域。鳗鱼在淡水环境中生长，在深海中产卵繁殖。其一生只产卵一次，产卵后就会死亡，因此很难人工模拟它的繁殖环境。鳗鱼性情凶猛，好动，贪食，趋旋光性强，昼伏夜出，好暖，喜流水。成鳗生长快，色泽乌黑，外表圆碌，似圆锥形，人工养殖较多，四季皆常见，但以夏、冬两季的鳗鱼最为肥美可口。鳗鱼营养丰富，少刺多肉，味道鲜美，且具有滋补强身、清凉解暑的作用[19]。

图 5-9 鳗鱼

2. 饲养方式

在饲养初期均匀投喂红虫，投喂的频率为 4 次/d，然后逐渐变为 2 次/d，日投饵量约为鱼体重的 5%。在饲养过程中，要开始训练鳗苗，通过在鳗池边建造一个饲料台，训练鳗苗的吃食方式由分散改为集中，由夜间改为白天，由食天然活饵料改为食人工配合饲料。由于鳗苗在水温高于 15℃时才开始摄食、生长，因此自然水温高于 13℃时，适宜放养。鳗苗经短期暂养适应环境后，水温上升时便可开始驯养[20]。

投喂方法采用"四定"（定位、定时、定量、定质）原则，每天 9:00 进行一次投喂，将人工配合饲料放于饲料台，让鳗鱼摄食，日投饵量为鱼体重的 2%～3%，投饵量需根据鳗鱼每天的摄食情况做适当调整。在水温超过 30℃或早春、晚秋水温较低时，可酌情减小日投饵量。为防止饲料残渣污染水质，通常投喂量控制在投喂后 20min 内能吃完为宜[2]。

3. 繁育方式

鳗鱼在成长过程中，个体生长速度有很大差异，因此必须采取分期放养、捕捞和"留小""补小""捕大"等措施。通常每隔 40d 就需分级、分稀一次，使同池鳗鱼密度合理，规格整齐。在操作时要小心细致，避免损伤鱼体，从而造成病菌感染，影响其生长发育[19]。

参 考 文 献

[1] 吴雷明. 七带石斑鱼（*Epinephelus septemfasciatus*）人工繁育技术研究[D]. 上海：上海海洋大学，2013.

[2] 李成仑. 循环水养殖系统中饲料选择及投喂注意事项[J]. 福建农业，2015（7）：158.

[3] 阎斌伦. 海水水生动物苗种繁育技术上[M]. 北京：中国农业出版社，2018.

[4] 胡金城. 珍珠龙胆工厂化循环水养殖技术研究[D]. 天津：天津农学院，2017.

[5] 王兴强，马甡，董双林. 凡纳滨对虾生物学及养殖生态学研究进展[J]. 海洋湖沼通报，2004（4）：94-100.

[6] 李玉全. 工厂化养殖系统分析及主要养殖因子对对虾生长、免疫及氮磷收支的影响[D]. 青岛：中国海洋大学，2007.

[7] 范国宾. 海蜇工厂化育苗技术[J]. 新农业，2011（3）：48-49.

[8] 邹凤香，姚守信. 海蜇工厂化育苗新技术[J]. 中国水产，2006（6）：50-51.

[9] 吕军仪，许实波，许东晖，等. 海马工厂化健康养殖成果及开发前景[J]. 中药材，2001，24（9）：625-630.

[10] 杨华，付志茹，贾文平，等. 线纹海马在天津地区的引进与养殖试验[J]. 河北渔业，2018，291（3）：25-27.

[11] 张振宇. 工艺改善对工厂化养殖刺参品质影响的研究[D]. 大连：大连工业大学，2017.

[12] 李臣玉. 刺参工厂化养殖环境调控技术的研究[D]. 北京：中国农业科学院，2011.

[13] 高学文，李华琳. 浅谈我国海参工厂化养殖技术[J]. 河北渔业，2013（4）：64-65.

[14] 刘明涛. 三种不同投饲策略对封闭型水体养殖罗非鱼生长及水质的影响[D]. 南宁：广西大学，2019.

[15] 江海滨. 罗非鱼高效健康养殖技术[J]. 现代农业科技，2020（19）：205-212.

[16] 覃栋明，朱瑜. 加州鲈的健康养殖技术[J]. 渔业致富指南，2020（18）：52-55.

[17] 霍新周，张坤. 加州鲈鱼养殖技术[J]. 河南农业，2020（7）：15-18.

[18] 杨娟，李勤慎，邵东宏，等. 鲟鱼人工繁殖技术要点[J]. 中国水产，2021（7）：72-74.

[19] 王柏明，郭忠宝，张在勇. 鳗鱼工厂化高效健康养殖技术[J]. 农村新技术，2021（2）：25-29.

[20] 胡安忠. 工厂化健康养殖鳗鱼技术[J]. 中国水产，2008（3）：43-45.

第三篇 微生态水产养殖调控技术

第6章 有益微生物分类及作用机制

6.1 有益微生物制剂概况

随着我国工农业生产的快速发展,水产养殖的污染日趋严重,加上养殖容量的日益加大,养殖投入品(饲料、渔药等)的大量增加,我国水产养殖水质不断恶化,养殖品种的病害频发,由病害所造成的经济损失也越来越大。为减少病害造成的经济损失,养殖生产者不得不大量用药,导致我国养殖水产品存在药物残留超标等问题,并成为当前制约我国水产品出口的重要原因。为解决上述矛盾,水产养殖用有益微生物制剂产业应运而生,其从20世纪80年代的尝试性经营发展为目前的规模化经营,且近几年发展非常迅速。据调查,目前我国已有150多家水产养殖用有益微生物制剂生产企业,年产万吨以上的规模化生产企业有30多家,年销售量(包括添加剂类和生物肥料类)在20万t以上,销售额超过15亿元人民币,已成为我国水产养殖投入品行业新生的重要产业群,并将对今后我国无公害水产养殖业和水产健康养殖业的发展产生不可估量的促进作用。

到目前为止,关于水产养殖用有益微生物制剂的研究仅限于产品开发和使用效果方面,而对精确施用、产品质量、基础理论等方面尚未开展深入研究。有益微生物制剂具有无毒副作用、无药物残留、无抗药性等特点,可用来改善水生态环境、净化水质,还可以作为饲料添加剂,但在使用配比、用量、使用周期等诸多方面还有待进一步研究,以确保其使用的安全性和有效性[1]。

6.1.1 有益微生物制剂的定义

有益微生物制剂又称益生素、微生态调节剂、益生菌、利生菌、活菌制剂等,已在实际生产中广泛使用,但目前尚无公认的统一且确切的定义。有益微生物制剂是从自然环境中分离纯化的微生物,经扩培后成为含有大量有益菌的制剂[2],具有改善和调节微生态环境,保持微生态平衡,提高养殖水生动物健康水平的功效。水产养殖实际应用的有益微生物制剂包括菌体成分、代谢产物等。

总之,有益微生物制剂是指在微生态理论的指导下,运用微生物学原理,利用对宿主有益的具有活性的微生物或微生物产生的促进生长类物质,经多道工艺制成的制剂,作用是调整微生态平衡或调节与控制养殖水质及底质。微生物制剂在水产养殖业应用的优点包括:改善养殖对象的健康水平,同时实现防病、治病;调节水体中菌-藻平衡,为鱼虾等提供酵素、维生素等营养物质;抑制病原菌生长、降低疾病发生概率等[3]。

1. 微生态学

研究微生物的结构、功能、特性及相互依赖、相互制约关系的科学称为微生态学。20世纪 70 年代，第一所微生态学研究所在德国汉堡成立，之后，微生态学逐步发展为令人瞩目的新兴学科。微生态学是健康医学理论及其实践应用的基础学科[3]。

2. 益生菌

益生菌可以改善宿主肠道内部微生态系统的动态平衡，是对宿主有正面效应的活体微生物。目前，益生菌的主要范畴包括光合细菌（*Photosynthetic bacteria*）、芽孢杆菌（*Bacillus*）的一些种属和乳杆菌（*Lactobacillus*）、放线菌、酵母菌等，其产品被广泛应用于生物工程、生物农业、食品以及医药和生命健康领域。

3. 益生元

益生元是通过选择性地刺激少数种群细菌的生长与活性，从而促进宿主代谢、改善宿主健康状况却不被宿主消化的有机物质。基础益生元包括碳水化合物和非碳水化合物，广义上讲，任何可以减少有害菌群并促进益生菌增殖的物质都称为益生元[4]。

4. 合生元

合生元是益生元的混合制品，在益生元基础上加入维生素或微量元素等制成。其既可发挥益生菌的生理活性，又可有针对性地增加益生菌的数量，使益生菌的作用效果更加显著、更加持久。

6.1.2　有益微生物制剂的研发现状

有益微生物制剂的研究始于 1905 年，当时埃利·梅奇尼科夫（Elie Metchnikoff）用酸奶（含乳杆菌）治疗幼畜腹泻，发现乳杆菌具有抑制大肠杆菌的作用。此后，有关有益微生物制剂的研究引起了人们越来越多的关注[1]。1978 年，卡特（Carter）和科兰斯（Colins）证实，10 个肠炎沙门氏菌（*Salmonella enteritidis*）落可以导致 1 头无菌豚鼠死亡，但要致死 1 头携带完整菌群的普通豚鼠却需要 10 亿个菌落。因此，人们开始重视正常的肠道菌群，有益微生物制剂的研究也成为热点。

在水产养殖业中，我国有益微生物制剂的应用研究始于 20 世纪 80 年代初期，最早应用的有益微生物为 *Photosynthetic bacteria*，主要用于养殖水质的调节；同时，相关专家、学者也在 *Photosynthetic bacteria* 的干法和湿法保存技术、培养扩增技术及应用效果等方面做了大量的研究工作[5]。之后，水产养殖用有益微生物制剂的研究和开发领域与内容也更加广泛。到目前为止，已有乳杆菌属、双歧杆菌属、弧菌属、假单胞菌属、芽孢杆菌属的众多种类及 *Nitrifying bacteria*、*Photosynthetic bacteria* 等应用于水产养殖业。这些有益微生物制剂主要包括动物用有益微生物制剂、医用有益微生物制剂、生物肥料与环境净化剂、

生物农药，主要用途包括作为饲料添加剂、净化水质及预防疾病等[1]。我国农业部于 1999 年公布了 12 种可以直接饲喂动物的微生物菌种。

6.2 蛭 弧 菌

蛭弧菌又称噬菌蛭弧菌（*Bdellovibrio bacteriovorus*）（图 6-1），是 20 世纪 60 年代中期 Stolp 等发现的一类以细菌为食的寄生性细菌，"寄生"和"裂解"宿主细菌是 *Bdellovibrio* 独特的生物学特性，即寄生在某些细菌内并导致其裂解。*Bdellovibrio* 的个体较细菌小，有类似细菌和病毒（噬菌体）的作用，但不是病毒[6]。

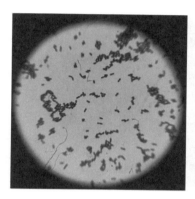

图 6-1　蛭弧菌

Bdellovibrio 是一类专门捕食细菌的寄生性细菌，能够在较短的时间内裂解水体中的沙门氏菌属（*Salmonella*）、志贺氏菌属（*Shigella*）、埃希氏菌属（*Escherichia*）、假单胞菌属（*Pseudomonas*）、欧文氏菌属（*Erwinia*）、弧菌属（*Vibrio*）等，可将致病菌限制在较低水平，同时，还可有效地控制养殖水体的 COD、硫化物和氨氮残留量，对预防水产养殖动物细菌性疾病具有积极意义。

陈家长将 *Bdellovibrio* 应用于河蟹大规模养殖，发现水体中的 COD、氨氮、H_2S 等含量显著降低[7]；将其应用于鱼类细菌性疾病预防与治疗，其对水体中的大肠杆菌等致病菌有明显抑制作用，同时对氨氮和 NO_2^- 等有去除作用。*Bdellovibrio* 与 *Photosynthetic bacteria* 混合使用可以改善水环境，混合使用后 25d，试验组比对照组的细菌总量减小了 3 个数量级，COD、氨氮、H_2S 等都维持在较低水平。*Bdellovibrio* 能预防鱼、虾、蟹病害的发生，改善鱼、虾、蟹内外环境，促进生长，增强免疫力[8]。

6.2.1　蛭弧菌的生物学特性

1. 蛭弧菌的分布与分类

Bdellovibrio 在畜禽等动物肠道中都可检测出，并随粪便排出体外。环境中 *Bdellovibrio*

的含量较低，一般在 1～200CFU/mL。研究发现，粪便中 *Bdellovibrio* 检出率显著低于污水等的检出率，且其含量较低，一般为 10～90CFU/g。从人畜粪便中分离到的 *Bdellovibrio*，其生长特性（温度、pH 等）与从自然环境中分离到的菌群不完全一样，但它们都有寄生性。

Bdellovibrio 的分类在《伯杰氏系统细菌学手册》中被提到，属于薄壁菌属，共分 4 种：斯塔尔蛭弧菌（*Bdellovibrio starrii*）、斯托普蛭弧菌（*Bdellovibrio stolpii*）、噬菌蛭弧菌（*Bdellovibrio*）和一种未命名的海水菌株。

2. 蛭弧菌的形态特征与理化特性

Bdellovibrio 比细菌菌体小，具有一般细菌的特性，能通过过滤器，有类似噬菌体的作用。革兰氏染色阴性，单细胞，呈弧状或杆状，大小为$(0.3～0.6)\mu m \times (0.8～1.2)\mu m$ 或仅为杆菌长度的 1/4～1/3。可在胞浆中观察到致密小体，长 150～300nm，宽 70～120nm，呈片状结构。核区非常明显，周围包绕着数个核糖体颗粒[9]。在 *Bdellovibrio* 中还可以观察到间体及其他许多内含物质，端生鞭毛，多为 1 根（极少数有 2～3 根），比一般细菌的鞭毛粗，直径为 21～28nm，鞭毛长度为一般细菌鞭毛长度的 10～40 倍；有的在另一端生有一束纤毛。水生 *Bdellovibrio* 的鞭毛还具有鞘膜，是细胞壁的延伸物，乌黑并有鞭毛丝状体，故比其他细菌的鞭毛粗 3～4 倍。*Bdellovibrio* 的鞭毛基部没有类似于其他革兰氏阴性菌鞭毛基部所具有的“L”环结构。其细胞中蛋白质含量占干重的 60%～65%，DNA 含量占 5%，从自然界分离的 *Bdellovibrio* 为依赖寄生型，与宿主细胞间表现出一定的特异性，但有的特异性较差[10]。

Bdellovibrio 在适宜宿主上形成噬菌斑的 pH 为 5.5～9.0，最适 pH 为 7.0～8.0。*Bdellovibrio* 具有热敏性，在 50℃ 以上环境中 30min 后就失去活性；40℃ 以上时 30min 后活性减半；在 4～37℃ 条件下可生长，最适生长温度 25～30℃，属于嗜中温性细菌。*Bdellovibrio* 在死菌中形成的噬菌斑数是活菌的 35～290 倍[9]。

Bdellovibrio 是典型的革兰氏阴性菌，含有肽聚糖成分，肽聚糖成分由胞壁酸葡萄糖胺及其他 13 种氨基酸组成，其甘氨酸∶谷氨基∶二异丙基氟磷酸∶胞壁酰胺为 2∶1∶1∶1[11]。*Bdellovibrio* 鞭毛主要是由蛋白质、磷脂和脂多糖组成，其鞭毛轴心由多肽组成。鞭毛磷脂含量高达 54%～58%，而蛋白质含量仅为 23%～28%，与细胞外膜的磷脂、蛋白质含量有明显差异。

3. 蛭弧菌的宿主

杨淑专和黄庆辉研究发现，*Bdellovibrio* 不仅对各种弧菌、气单胞菌、邻单胞菌都有裂解作用，且对非海洋细菌（如大肠杆菌、绿脓杆菌）也有裂解作用，甚至对革兰氏阳性菌（如枯草杆菌和金色葡萄球菌）也有裂解作用[12]。Pineiro 等对 *Bdellovibrio* 的宿主范围进行了研究，发现 *Bdellovibrio* 对沙门氏菌属、志贺氏菌属、埃希氏菌属、欧文氏菌属、弧菌属等众多种属均有较好的裂解能力[13]。

4. 蛭弧菌的生态学特点

Bdellovibrio 在自然界中的分布较广，其含量通常在夏季较高，而在冬季较低。土壤、

植物根系、河水、海水、湖水、井水及下水道污水中都有 *Bdellovibrio* 的分布。从陆生动物、水生动物和人的粪便中均可以检测出 *Bdellovibrio*，但在清洁的自来水、泉水中很难检测出。水生 *Bdellovibrio* 倾向于表面生长，是生物膜的重要组成成分。*Bdellovibrio* 对宿主细胞的裂解特性，很长时间以来一直是人们关注的重点。相关学者对 *Bdellovibrio* 的裂解机制进行了大量研究。1978 年，研究人员提出了"*Bdellovibrio* 穿入、稳定、裂解"模型，参与这一过程的酶主要包括聚糖酶、蛋白酶、*N*-脱酰基酶、酰基转移酶、Braun 去脂蛋白酶以及裂解经修饰的肽糖酶、脂酶、溶菌酶等[14]。

5. 蛭弧菌的保藏

Bdellovibrio 的保藏关系到其规模化生产和应用。国外的研究表明，用含宿主细胞的酵母浸出粉胨葡萄糖培养基保藏 *Bdellovibrio*，其在 4~8 个月内仍有一定活性。而国内的研究表明，在 4℃条件下，用自来水宿主软琼脂保藏时，其至少可存活 3 个月。用 4℃甘油、4℃营养肉汤、平板、−20℃甘油和冷冻干燥 5 种方法保藏 *Bdellovibrio*，发现冷冻干燥法效果最好，*Bdellovibrio* 21 个月的复活率达 100%，且复活后的形状和噬菌特性不变；其次为 −20℃甘油和营养肉汤保存法，*Bdellovibrio* 17 个月的复活率为 67%；其他方法的保存时间也超过 3 个月。

Bdellovibrio 在自来水中的存活时间与温度息息相关。在 4℃条件下保存时，大部分 *Bdellovibrio* 可存活 8 个月以上，极少数菌株存活少于 2 个月。在自来水保存液中定时添加宿主菌，并维持一定浓度，并不能延长保存时间。在灭菌自来水中保存的 *Bdellovibrio* 随着时间的延长而逐渐减少，如 *Bdellovibrio*-81 在 4℃下保存 6 个月，菌落数由 1.17×10^7 CFU/mL 减少到 250CFU/mL。有研究人员将 12 株 *Bdellovibrio* 置于自来水宿主琼脂中，并于 4℃环境中保存，至 91d 时，*Bdellovibrio* 菌株全部存活；至 157d 和 188d 时存活菌株均占 91.7%；240d 时存活菌株占 67.7%；310d 时存活菌株占 58.3%；372d 时存活菌株占 50.0%；411d 时存活菌株占 25.0%；548d 时存活菌株占 16.7%；600d 时没有菌株存活。从保存的自来水宿主看，发现有部分 *Bdellovibrio* 液化现象。例如，*Bdellovibrio*-83 株以上可见 *Bdellovibrio* 液化，保存时间越长，液化现象越显著，但这与 *Bdellovibrio* 的存活时间无明显关系，引起液化的原因尚不清楚，有待进一步研究。另外，用脱脂牛奶作保护剂冷冻干燥后于 4℃冰箱保存的 11 株 *Bdellovibrio*，保存至 2 年的存活率为 100%，保存至 3 年的存活率为 81.8%[14]。

6. 蛭弧菌的噬菌条件

Bdellovibrio 对 pH、温度等环境因子的要求并不严格。邵桂元等初步研究了 *Bdellovibrio* 的微生态学特性，发现 *Bdellovibrio*-*s*-4 等菌株在 4~37℃和 pH 为 6.0~8.0 条件下，对气单胞菌属有形成噬菌斑的能力[15]。李戈强等研究发现，*Bdellovibrio* 在温度为 10~35℃和 pH 为 6.5~8.1 的条件下，对河流中的弧菌有裂解能力；在 25~30℃和 pH 为 6.5~8.1 时的裂解能力最强[16]。

7. 蛭弧菌的除菌效果

秦生巨的研究认为，*Bdellovibrio* 在河水中存活 21d 后，可使不凝集弧菌数量由

4.46×10^6 个/mL 降到 27 个/mL[14]。杨莉等使用 *Bdellovibrio* 抑制鲤鱼感染嗜水气单胞菌，5d 后 *Bdellovibrio* 使嗜水气单胞菌的浓度下降了 10^3CFU/mL，9d 后下降了 10^7CFU/mL，说明 *Bdellovibrio* 的除菌效率较高[17]。

Bdellovibrio-81、*Bdellovibrio*-98 对 206 株（江苏省地方菌 201 株、标准菌 5 株）伤寒沙门氏菌有显著的裂解作用，在自来水双层琼脂平板上，大部分可以形成清晰透明的噬菌斑，但裂解能力具有较大差异。*Bdellovibrio*-81 裂解率为 96.6%，*Bdellovibrio*-98 裂解率在 99% 以上。研究结果还表明，分型如 A、D1、D2、E1、E9、KI、M1、36、53 和 96 型菌株均有部分被裂解[18]。*Bdellovibrio* 对抗 20 种不同抗生素的 184 株伤寒沙门氏菌同样有较好的裂解作用。*Bdellovibrio* 不但对人类病原菌有裂解能力，而且对许多植物病原菌也有较强的裂解作用，如从上海近郊河水中分离出的 *Bdellovibrio* 对大豆疫病假单胞菌、白菜软腐菌和水稻叶枯病黄单胞菌等均有较强的裂解能力。*Bdellovibrio* 对水生致病菌也有裂解作用，如 *Bdellovibrio*-81、*Bdellovibrio*-98 等对从江苏无锡太湖地区养殖珍珠的河蚌中分离出的 9 株嗜水气单胞菌的裂解率可达 90% 以上。

8. 蛭弧菌的安全性

一些学者认为，*Bdellovibrio* 对人和某些动物无害。薛恒平认为 *Bdellovibrio* 能够促进仔鸡生长，提高增重率[19]。冯晓英等的研究表明，在注射 0.02mL 浓度为 8×10^5CFU/mL 的 *Bdellovibrio* 后，72h 内小鼠全部存活，且生长良好[20]。

9. 噬菌体和细菌素

若不加以深入研究，很难区分 *Bdellovibrio*、噬菌体和细菌素。其实，噬菌体和细菌素与 *Bdellovibrio* 有很大不同。

1) 噬菌体的形态结构与化学组成

噬菌体不能在光学显微镜下被观察到，只能借助电子显微镜观察。噬菌体个体被称为病毒粒子，有 3 种形态：蝌蚪形、微球形、纤丝形。已知的大部分噬菌体都属于蝌蚪形，由头、尾组成。其尾部结构复杂，是感染、吸附、侵入宿主细胞的重要器官。*Bdellovibrio*、细菌素不具备这种结构的特殊分化感染器官。按尾部形态特征噬菌体又分为两类：①尾部较长，有伸缩性尾鞘，如 T2、T4 和 T6 等；②尾部无伸缩性，但具有不同程度的易变性，如 T1、T5、T7 和 X 噬菌肽等。以 T2 噬菌体为例，其头部为六角棱柱体，长 95nm，宽 65nm，外壳为蛋白质，由 2000 个蛋白质亚单位构成。亚单位分子量 80kD，外壳厚 2.5～3.0nm，具有弹性、伸缩性，这有助于核酸进入宿主体内。尾部由尾鞘、尾髓、基板、尾丝、尾针等几部分组成。

微球形噬菌体的个体较小（长度 20～60nm），在电子显微镜下为二十面体结构，无尾部和突起。φ174 在二十面体的每个顶角附有一纽结结构。噬菌体颗粒蛋白质外壳包裹核酸。纤丝形噬菌体结构较为简单，呈弯曲丝状，长度可达到 600～800nm，没有吸附器官，可直接穿过细菌细胞壁侵入并感染宿主。

研究表明，噬菌体中不同元素的含量分别为：C 42.0%、N 13.2%、H 6.4%、P 3.7%。这些元素组成的核酸和蛋白质占噬菌体总质量的 90% 左右。核酸组成噬菌体的髓核，蛋白质组成噬菌体的衣壳，衣壳具有保护作用。核酸和蛋白质大约各占一半，随种类的不同略有不同。噬菌体的核酸分为 DNA 和 RNA，但同一噬菌体不可能同时含有 DNA 和 RNA，这是噬菌体分类的基本依据，其中 DNA 又分为单链和双链。噬菌体中的蛋白质主要组成衣壳，氨基酸形成的多肽链组成蛋白质亚单位，它们在形态上称为壳粒。一个壳粒蛋白实际上就是具高级结构的蛋白质，噬菌体颗粒就是其四级结构的核蛋白大分子。T 偶数噬菌体除头部蛋白和可收缩尾部蛋白外，还有一些不确定功能的内部蛋白，约占总蛋白质的 3%。噬菌体还含有少量其他物质，如酸溶性肽类（门冬氨酸、谷氨酸、赖氨酸）[21]。

　　2）细菌素的形态结构与化学组成

　　细菌素是一种生物活性很强的蛋白质物质，或脂多糖蛋白复合物，可称为有活性的蛋白颗粒；大多数细菌素是含有蛋白质和脂多糖的复合物多浆体，相当于菌体 O 抗原。用电子显微镜观察，大部分细菌素呈杆形颗粒状，包含髓质和鞘。细菌素的形态分为两种：收缩型和伸长型。收缩型的核和壳的直径较短，一般仅为 5.0～50.0nm；而伸长型为 70.0～130.0nm。细菌素大小差别较大，V 型大肠杆菌素可通过火棉胶膜，而 A 型大肠杆菌素不可以通过。铜绿假单胞菌产生的绿脓杆菌素分为 3 种类型：R 型，沉降系数 90s，分子量为 1200kD；F 型，沉降系数 35s，分子量为 323kD；S 型，分子量为 10kD 以下。霍乱弧菌（Vibrio cholerae）产生的弧菌素呈短杆颗粒状，有一个长 20.0nm 的鞘和一个直径 5.0nm、外径 10.0nm 的髓。

6.2.2　蛭弧菌的作用机理

　　Thomashow 等提出了"Bdellovibrio 的穿入、稳定、裂解"模型，即首先 Bdellovibrio 通过化学趋避性识别，吸附宿主细菌，然后通过酶解和机械钻孔等一系列动作，进入宿主细菌的质壁空间或进入细胞质，对宿主细胞进行一系列修饰与改造，同时合成自身生物大分子物质，最终分裂形成子代 Bdellovibrio 并传递到宿主细胞外。Bdellovibrio 进入宿主细胞后，发生一系列生理形态变化：鞭毛消失，菌体延长。研究发现，生长期的 Bdellovibrio 具有很强的适应性，在任何时候都可以分化，不需要外源性的碳源和能源，完全依赖自身。Bdellovibrio 正常的周质生长期是在其"调节"物质耗尽时开始的[22]。

6.2.3　蛭弧菌在水产养殖业中的应用

　　国内外关于 Bdellovibrio 在水产养殖业上的研究，主要侧重于对养殖水质的净化和水产养殖动物细菌性疾病防治等方面。

　　1. 鱼池水体的净化

　　1）蛭弧菌在模拟自然条件河水中对细菌的净化作用

　　秦生巨等在自然河水中加入 2.6×10^3 CFU/mL 的 Bdellovibrio-81，并观察水质的变化情况，在 48d 内，水温与细菌总数明显下降，而 Bdellovibrio 的含量增加 2～7 倍[23]。在模拟自然条件的河水中加入 Bdellovibrio，到第 21d 时，Vibrio cholerae 菌落减少了 2.4×10^6 CFU/mL。

Bdellovibrio 对模拟自然条件河水中革兰氏阴性菌的裂解率显著高于对革兰氏阳性菌的裂解率。因此，*Bdellovibrio* 作用于河水中的细菌时，可以使河水中的阴性菌迅速减少，且减少量很大；而对阳性菌的裂解率相对较差。例如，在施用 *Bdellovibrio* 后第 11d 和第 13d 时，河水中的阴性菌由原来的 98% 分别减少到 64% 及 56%，而不施用 *Bdellovibrio* 的对照组河水，则由原来的 96% 分别减少到 94% 及 78%。

Bdellovibrio 在模拟自然条件的河水中，不但对 *Vibrio cholerae* 有净化作用，而且对大肠杆菌群也有特别明显的净化作用，如在加有 *Bdellovibrio* 的模拟自然条件河水中，大肠杆菌群由原来的 2.38×10^6 CFU/L 减少到 2.30×10^3 CFU/L，不施用 *Bdellovibrio* 的对照组的大肠杆菌群仅由原来的 2.38×10^6 CFU/L 减少到 2.30×10^5 CFU/L。

2）蛭弧菌在灭菌鱼池池水中对宿主细菌的净化作用

Bdellovibrio-81、*Bdellovibrio*-98 在 pH 为 7.4~7.6 的灭菌湖水中，对宿主弗氏志贺氏菌（*Shigella flexneri*）有显著的清除作用，数日内可使 2.3×10^8 CFU/mL 浓度的菌悬液变得澄清透明。例如，第 7d 时 *Shigella flexneri* 分别被清除 92.8%（*Bdellovibrio*-81）和 97.4%（*Bdellovibrio*-98），而不加 *Bdellovibrio* 的对照组仅减少 20%。

25℃时，*Bdellovibrio* 在灭菌湖水中对浓度为 $(2.3 \sim 3.6) \times 10^7$ CFU/mL 的大肠杆菌有显著清除作用。例如，在第 21d 时，加有 *Bdellovibrio* 的湖水中大肠杆菌由原来的 3.5×10^7 CFU/mL 减少到 11CFU/mL，而不加 *Bdellovibrio* 的对照组中大肠杆菌仅由原来的 2.3×10^7 CFU/mL 减少到 3.2×10^3 CFU/mL。

余倩等对成都市 5 条主要河流中的 *Bdellovibrio* 进行了统计，发现 *Bdellovibrio* 普遍存在于河流中，且 *Bdellovibrio* 的含量与污染程度有关，污染越严重则含量越高[24]。

2. 鱼病防治

杨莉等将不同浓度的 *Bdellovibrio* 投入水族箱中，并对锦鲤用浸泡法进行人工感染嗜水气单胞菌试验，结果表明，*Bdellovibrio* 对嗜水气单胞菌有较强的裂解作用，对水体中的氨氮有较好的降解效果，同时对嗜水气单胞菌所导致的爆发性出血病有显著的预防作用[17]。黄冬菊和林红华发现，*Bdellovibrio* 对海水弧菌有强烈的清除作用[25]。陈家长等将有益微生物[*Photosynthetic bacteria*（10^9 CFU/mL）和 *Bdellovibrio*（10^7 CFU/mL）]应用于中华绒螯蟹的养殖，与对照组相比，试验组的细菌总数呈几何数量级下降，氨氮、硫化物含量及 COD 也都明显降低，中华绒螯蟹的成活率提高了至少 11%[26]。

曾地刚等采用 *Bdellovibrio* 预防和治疗斑点叉尾鮰细菌性败血症，结果表明，在试验水体中同时加入 *Bdellovibrio* 和嗜水气单胞菌，当水体中的 *Bdellovibrio* 浓度达到 10^5 CFU/mL 以上时有预防效果；采用背部肌肉注射嗜水气单胞菌的方法，使斑点叉尾鮰感染，然后在水体中加入不同浓度 *Bdellovibrio*，试验用鱼全部死亡，证明 *Bdellovibrio* 不能起到治疗斑点叉尾鮰细菌性败血症的作用[27]。

徐琴等将球形红假单胞菌、*Bdellovibrio* 及黏红酵母用于中国对虾幼体培育水体，结果表明，试验组的成活率、变态指数、体长增长率、酚氧化酶和超氧化物歧化酶活力均优于对照组，添加 *Bdellovibrio* 的试验组在减少异养菌方面有较好效果[28]。韩韬等将从海洋中分离出来的 4 株 *Bdellovibrio* 作为生物净化因子，处理 16 种海产品食源性致病弧菌，裂解试验表明，4 株 *Bdellovibrio* 同时使用可裂解 15 种弧菌，裂解率高达 93.9%[29]。

6.3 光 合 细 菌

Photosynthetic bacteria（图 6-2）是能进行光合作用的原核生物的总称。其在自然界中广泛分布，参与调控地球上的物质和能量循环。五十多年来，*Photosynthetic bacteria* 在废水处理、水产养殖水质调控、菌体资源化利用方面显示出显著的优越性，众多研究人员对其进行了大量的探索工作，其应用范围越来越广。*Photosynthetic bacteria* 在我国的应用始于 1980 年，目前我国已经积累了充足的经验和成果[28]。

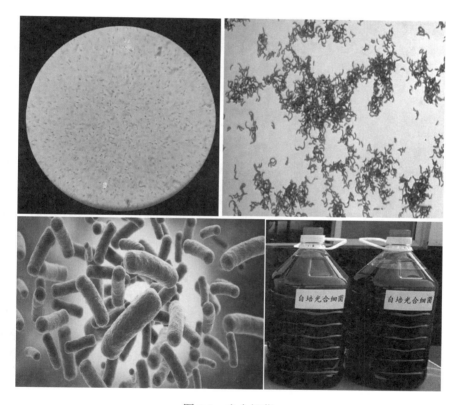

图 6-2 光合细菌

6.3.1 光合细菌的生物学特性

1. 光合细菌的分布

Photosynthetic bacteria 广泛存在于地球的生物圈，如江河、湖泊、田地等，甚至在 900℃的温泉中和盐度为 30 的湖泊中也有分布，在南极冰封的海岸上同样有分布。

2. 水体厌氧层中的初级生产者

Photosynthetic bacteria 能在厌氧光照或好氧黑暗条件下,利用自然界中的有机物、硫化物、氨等作为供氢体兼碳源进行光合作用,是水体厌氧层中最重要的初级生产者。

3. 光合细菌与自然界硫元素转化循环

Photosynthetic bacteria 可以将 H_2S、硫代硫酸盐等转化为 S 或 H_2SO_4,其在自然界硫元素循环中占有重要地位。据报道,红色和绿色硫细菌与硫黄的生成关系密切,能够在面积为 $20km^2$ 的湖泊中每年产生 100t 左右的硫黄。在土壤中,*Photosynthetic bacteria* 氧化分解硫化物,对陆生植物起着解毒作用。

4. 光合细菌在氮元素循环中的作用

Photosynthetic bacteria 大多数种类因能产生固氮酶而具有固氮能力。近年来的研究还发现 *Photosynthetic bacteria* 的某些种类具有脱氮活性,例如,类球红细菌(*Rhodobacter sphaeroides*),当 NO_3^- 存在时,能在缺氧的条件下将其还原。

5. 光合细菌对高浓度磷酸盐的耐受性

研究发现,红螺菌科的某些种属具有较强的 PO_4^{3-} 耐受能力。例如,*Rhodobacter sphaeroides* 在 PO_4^{3-} 浓度为 50mmol/L 的培养基中仍能正常生长;该菌还具有积累多聚磷酸盐的能力[29]。

6.3.2　光合细菌的作用机理

利用 *Photosynthetic bacteria* 处理有机废水的关键是废水中大分子有机物的低分子化。配制含有琥珀酸、乙酸、乳酸和乙醇四种物质的 *Photosynthetic bacteria* 培养基,考察 *Rhodobacter sphaeroides-s* 菌株对该混合培养基中各基质的利用性,发现当 4 种基质同时存在时,*Photosynthetic bacteria* 对乙酸的利用最多也最快。*Rhodobacter sphaeroides-s* 在 25mmol/L 乙酸钠的 *Photosynthetic bacteria* 培养液中生长最佳。随着乙酸钠的增加,*Photosynthetic bacteria* 生长率有所下降,迟缓期有所延长,但当乙酸钠浓度分别提高到 150mmol/L、200mmol/L 时,*Photosynthetic bacteria* 在经历了较长的迟缓期后,仍能以较慢的速度进入对数级生长。相当多的好氧微生物,在乙酸浓度为 15mmol/L 时,其 ATP 的代谢物便会被抑制。

6.3.3　光合细菌在水产养殖业中的应用

Photosynthetic bacteria 在水产养殖业中具有促进水产品生长、净化水质、预防疾病等多种功效,大大提高了养殖产量和产品品质。

1. 光合细菌的净化水质作用

近年来，水产养殖业发展迅速，集约化程度不断提高，养殖用水污染日益严重，水产品病害逐年加剧。养殖水质恶化是水产品病害频发和产量下降的关键因素。为有效解决养殖水质恶化问题，*Photosynthetic bacteria* 被引入水产养殖中，并逐渐发展成为无公害水产养殖业的优选菌剂。科研工作者也在此方面进行了大量的研究，并取得了较大的进展。俞吉安等在苗种混合培育池中加入 *Photosynthetic bacteria*，发现试验组的 COD、BOD（biochemical oxygen demand，生化需氧量）和 TOC（total organic carbon，总有机碳）浓度均显著下降，而 DO 浓度较对照组提高了 0.5mg/L，氨氮含量降低了 50%[30]。伊玉华和南春华发现，在养虾池塘中按日用量 740mL 使用 *Photosynthetic bacteria*，2d 后，DO 浓度由使用前的 5.70mg/L 提高到 10.98mg/L，较对照组提高了 5.40mg/L；氨氮浓度由 0.36mg/L 降至 0.08mg/L[31]。叶奕佐等在室内无沙养鳖池塘中进行了试验，发现 *Photosynthetic bacteria* 净化水质的作用在养殖条件较差时尤为显著[32]。由此可见，国内外的大量研究均表明，在水产养殖池中使用 *Photosynthetic bacteria*，能有效降低水体污染程度，增加水体 DO 浓度，减少底质污染物，抑制 H_2S 的产生。

2. 光合细菌作为饲料添加剂的效果

Photosynthetic bacteria 含有丰富的营养物质，可作为水产养殖动物的饵料。*Photosynthetic bacteria* 作为饲料添加剂的报道较多。水产养殖中最常见的 *Photosynthetic bacteria* 为红螺菌科，其数量变化与轮虫（$R=0.8734$）和枝角类（$R=0.9209$）的数量存在显著相关性。这说明在水生态环境中 *Photosynthetic bacteria* 占有重要的地位，且与浮游动物间存在着摄食与被摄食的关系。祝国芹等发现，对虾育苗过程中使用 *Photosynthetic bacteria* 作为添加剂，对虾变态率为 79.8%，成活率为 75.0%[33]。

3. 应用光合细菌增强水产养殖动物的抗病性

Photosynthetic bacteria 的使用可使鱼、虾、贝类的抗病性增强，发病率降低，成活率提高。研究表明，*Photosynthetic bacteria* 在水体中代谢可产生胰蛋白分解酶，对抑制虾类的霉菌病以及鱼类的细菌性疾病有积极的作用。将患有细菌性皮肤病的鱼浸泡于浓度为 5000～10000mg/L 的 *Photosynthetic bacteria* 溶液中，持续 5min 以上，病症即有所缓解。也有研究显示，*Photosynthetic bacteria* 含有大量的叶酸，连续使用可预防鳗鱼等患贫血病。由于 *Photosynthetic bacteria* 对低级脂肪酸具有极好的利用能力，可迅速利用低级脂肪酸进行增殖，竞争性地降低真菌性病原微生物生长所需的营养物质浓度，同时平衡水体 pH，这可能是 *Photosynthetic bacteria* 能减小水产养殖病害发生概率的重要原因。

虽然 *Photosynthetic bacteria* 能有效地增强水生动物的抗病性，但关于其抗病作用机理的研究较少。*Photosynthetic bacteria* 菌体的组成成分为蛋白质（66%）、脂质（13%）、碳水化合物（17%）、灰分（4%），能生成维生素 B_1、维生素 B_2、维生素 B_6、维生素 B_{12}、烟酸、生物素等多种 B 族维生素，其中，维生素 B_2、维生素 B_{12}、生物素还会分泌到胞外，进入培养基中。有研究发现，*Photosynthetic bacteria* 的叶绿素（7mg/g）和类胡萝卜素

（0.5mg/g）能通过消除氧自由基抑制膜脂质损伤。*Photosynthetic bacteria* 菌体含有脂质，大部分为磷脂酰乙醇胺、卵磷脂、磷脂等脂油、双磷脂酰甘油。*Photosynthetic bacteria* 菌体类胡萝卜素中的紫菌红醇，对氧自由基的产生也有很强的抑制作用。因此，*Photosynthetic bacteria* 中的多种有效成分对水产品常见疾病具有抑制作用[34]。

4. 水产养殖中应用光合细菌时应注意的技术要点

由于水产养殖品品种多样，养殖环境差异较大，*Photosynthetic bacteria* 的用法和用量均不同，需要因地制宜，并注意以下问题。

1）保证光合细菌产品质量

可销售的 *Photosynthetic bacteria* 剂型大致有液体制剂、浓缩液、固体制剂、冻干粉等。其中，液体制剂较容易大量培养和批量生产，且培养物的活性较高，代谢产物种类丰富、含量高，应用效果好，是目前使用量最大的剂型。

农业部于 2002 年 8 月发布了《光合细菌菌剂》（NY 527—2002），该标准于同年 12 月开始实施。*Photosynthetic bacteria* 产品的质量要求为丰富的活菌及尽可能低的杂菌率等。

2）光合细菌的施用方法

Photosynthetic bacteria 适宜生存的水温为 15～40℃，最适水温为 28～36℃，施用时水温在 20℃以上为佳。若与固体载体混合施用效果更好，并可防止藻类老化造成的水质恶化[34]。酸性水体不宜使用 *Photosynthetic bacteria*，因为不利于其生长和繁殖。使用 *Photosynthetic bacteria* 时避免与消毒剂混合使用，作为活菌剂，药物对其有杀灭作用。

3）光合细菌的施用量要适当

应用 *Photosynthetic bacteria* 净化养殖水质时，使用浓度为 5～10mg/L，并在养殖过程中按此浓度多次追施。若作为饲料添加剂使用，则可按投饵量的 3%～5%拌入饲料内投喂，切不可过量施用。

4）维护生态养殖系统水生态平衡

要想发挥 *Photosynthetic bacteria* 的净化水质作用、促生长作用和增强抵抗力作用等，就应从水生态平衡的角度去考虑 *Photosynthetic bacteria* 的应用，并将这一观点贯穿水产养殖的全过程。例如，在高密度集约化养殖场，将 *Photosynthetic bacteria* 的应用与多种水质净化技术相结合，维护养殖水体的生态平衡，确保养殖产品优质、高产。

6.4 硝 化 细 菌

随着 *Nitrifying bacteria*（图 6-3）在水产养殖业中的应用受到人们越来越多的关注，近年来诸多科研人员投入到相关的研究中。在工厂化水产养殖系统中，水体中的排泄物等有机污染物积累，通过异养细菌的分解作用，其中的蛋白质及核酸等会降解，由此产生的大量氨氮对水产养殖动物具有毒害作用。NO_2^- 长期积累，会导致鱼、虾等水生动物中毒，使其抗病能力下降，而 NO_2^- 在 *Nitrifying bacteria* 的作用下，可转化为 NO_3^-，因此，在大规模工厂化的水产养殖生产中，通常使用 *Nitrifying bacteria* 来净化养殖水体。

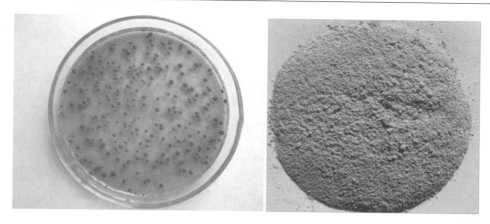

图 6-3　硝化细菌

6.4.1　硝化细菌的生物学特性

1. 硝化细菌

Nitrifying bacteria 属于自养菌，即能利用 NH_3、NH_4^+ 和 NO_2^- 作为主要氮源，同时能利用 CO_2 等无机碳水化合物作为碳源的细菌。*Nitrifying bacteria* 是非常古老的细菌，其分布广泛，在土壤、淡水、海水及污水处理系统中均有分布。*Nitrifying bacteria* 的分布会受到多种环境因素的限制，如氮源、温度、DO 浓度、渗透压、pH 和盐度等。

Nitrifying bacteria 包括两种完全不同的代谢群：亚硝酸菌属（*Nitrosomonas*）和硝酸菌属（*Nitrobacter*）。*Nitrosomonas* 的主要功能是将氨氮转化为 NO_2^-，而 *Nitrobacter* 的主要功能是将 NO_2^- 转化为 NO_3^-。氨氮和 NO_2^- 都是水产养殖系统产生的有毒物质，其中 NO_2^- 是致癌物质，且毒性更强。如何在养殖水体中降解这两种物质，是科研人员的工作重点。由于 *Nitrosomonas* 生长迅速，且 *Photosynthetic bacteria* 也具有降解氨氮的功能，工厂化养殖可以将氨氮控制在较低水平。但对于 NO_2^-，由于 *Nitrobacter* 生长极慢，养殖过程中积累的 NO_2^- 就成为制约水产养殖业发展的关键因素[35]。

2. 硝化细菌制剂的生物学特性

Nitrifying bacteria 是一种化能自养菌，利用无机物质获得能量，因此，*Nitrifying bacteria* 的世代时间长，自然条件下生长的 *Nitrifying bacteria*，其硝化和脱氢效果不能满足正常水产养殖的需求。温度、pH 和 DO 等均会对 *Nitrifying bacteria* 的生长产生重要影响。

硝化细菌制剂是硝化能力极强的纯化 *Nitrifying bacteria* 菌株，其适宜的生长温度为 $10\sim37℃$，pH 为 $7.5\sim8.5$。*Nitrifying bacteria* 菌体较小，是严格的自养型微生物，以氧化无机物产生的化学能为能源，以 CO_2 或者 CO_3^- 为碳源合成菌体自身的有机物，可以直接利用 NO_2^-。其主要特征是自养型、生长缓慢、好氧、产酸等。*Nitrifying bacteria* 是生物脱氮过程中起主要作用的微生物，其数量直接影响硝化效果和生物脱氮效率。

6.4.2　硝化细菌的作用机理

1. 氮循环与循环过程

（1）氮循环：指氮元素在机体与环境之间的循环过程，涉及多种复杂的反应，主要是指有机氮与无机氮之间相互转化的过程。

（2）循环过程：氮循环的基本过程如下。

$$含氮有机物 \longrightarrow 氨氮 \longrightarrow NO_2^- \longrightarrow NO_3^-$$

反硝化过程：

$$NO_3^- \longrightarrow NO_2^- \longrightarrow N_2O \longrightarrow N_2 \qquad (6\text{-}1)$$

该过程能将一部分 NO_3^- 还原成 NH_3，将一部分 NO_3^- 转化成 N_2，两者均进入大气中。氮循环过程的中间产物氨氮、NO_2^- 是有毒有害物质，而 NO_3^- 无毒无害，能被水产动物吸收利用。

2. 氮循环过程对水产养殖业的意义

只要掌握氮循环过程及其影响因素，就可以利用自然界中固有的规律，降低养殖水体中氨氮和 NO_2^- 的含量，改善水质，确保养殖生产安全。*Nitrifying bacteria* 制剂就是利用这一原理，降低氨氮和 NO_2^- 的含量，将 NO_2^- 等转化为 NO_3^-。

3. 作用机理

Nitrifying bacteria 的硝化作用能产生如下反应：

$$NO_2^- + \frac{1}{2}O_2 \longrightarrow NO_3^- + 17.8\text{kcal/mol} \qquad (6\text{-}2)$$

上述反应中，N 由 +3 价氧化成 +5 价，并产生 17.8kcal/mol 的热量。这些热量存储于 ATP 中，作为同化 CO_2 所需的能量，其反应式为

$$6CO_2 + 6H_2O \longrightarrow C_6H_{12}O_6 + 6O_2 \qquad (6\text{-}3)$$

这种由 *Nitrifying bacteria* 完成的生物氧化过程称为自养硝化作用，即 *Nitrifying bacteria* 在好氧条件下，利用其化学能自养的生长特性，将 NO_2^- 氧化成 NO_3^-，并从中获得化学能，以将 CO_2 转化为有机碳。

6.4.3　硝化细菌在水产养殖业中的应用

李长玲等将 *Nitrifying bacteria* 用于罗非鱼鱼苗培育，研究微生态调控对水质改善和罗非鱼抗逆性的影响[36]。结果显示，不同浓度的 *Nitrifying bacteria* 均能显著改善罗非鱼鱼苗的水质环境，提高罗非鱼的抗逆性。*Nitrifying bacteria* 浓度在 100CFU/L 时，氨氮含量相对于对照组降低了 25% 以上，NO_2^- 含量降低了 45% 以上，COD 降低了 12% 以上。同时，鱼苗成活率提高了 7.58%，体长增长了 22.18%，体重增加了 46.15%。

6.5　反硝化细菌

NO_2^- 是水产养殖过程中产生的有毒有害物质，也是较强的致癌物质。NO_2^- 是水产养殖动物的重要致病源，低浓度的 NO_2^- 会致使鱼体抵抗力下降，增加患病风险；高浓度的 NO_2^- 会造成鱼体死亡。为防止水生养殖动物因 NO_2^- 而患病，目前养殖生产上常用抗生素来控制疾病的发生；而抗生素长期大量的使用，不但会污染养殖环境，造成水生动物产品的药物残留超标，也会导致致病菌产生耐药性，抑制有益微生物的生长和繁殖，引起微生态失衡。因此，可利用反硝化细菌来处理养殖水体中的 NO_2^-，降低水生动物疾病的发生概率。

6.5.1　反硝化细菌的生物学特性

1. 反硝化细菌概述

Denitrifying bacteria 指能将硝态氮（NO_3^--N）还原为气态氮（N_2）的细菌，已发现10 科 50 个属以上的细菌具有反硝化作用。自然界中的假单胞菌属、产碱杆菌属等均具有反硝化功能。根据已有的研究结果，*Denitrifying bacteria* 的反硝化作用分为 3 步进行，即 $NO_3^- \longrightarrow NO_2^- \longrightarrow N_2O \longrightarrow N_2$，分别由 NO_3^- 还原菌、NO_2^- 还原菌、NO 还原菌、NO_2 还原菌催化。传统观点认为反硝化作用的一个重要前提条件是厌氧环境，在 O_2 和 NO_2^- 同时存在时，*Denitrifying bacteria* 先利用 O_2 作为最终电子受体，只有 DO 浓度接近或等于零时才开始反硝化作用。近几十年来，好氧反硝化现象被发现并被进一步研究，科研人员在好氧条件下对反硝化作用进行了系统的研究。Robertson 和 Kuenen 发现了好氧反硝化细菌（*Aerobic denitrifying bacteria*）和好氧反硝化酶系的存在，首次分离出 *Aerobic denitrifying bacteria*、全食副球菌（*Paracoccus pantotrophus*）、*Pseudomonas* 和粪产碱菌（*Alcaligenes faecalis*）等[37]。此后，其他研究人员分离出一些 *Aerobic denitrifying bacteria*，如泛养硫球菌（*Thiosphaera pantotropha*）、粪产碱菌（*Alcaligenes faecalis*）、铜绿假单胞菌（*Pseudomonas aeruginosa*）、施氏假单胞菌（*Pseudomonas stutzeri*）和空气除氮微枝杆菌（*Microvirgula aerodenitrificans*）等[38]。近年来，研究者采用高灵敏度的核分子控针技术确认了更多的 *Denitrifying bacteria*，如从稻田土壤中分离得到的 *Pseudomonas stutzeri* HS-O₃，能有效去除人工废水中的 NO_3^-，去除率达 90% 以上，并且反应过程中没有 NO_2^- 的积累。基于目前已有的研究可知，产碱菌属、副球菌属和假单胞菌属都存在反硝化现象。张光亚等发现红假单胞菌属也存在好氧反硝化现象，但与目前已发现的 *Aerobic denitrifying bacteria* 有所不同，说明自然界中 *Aerobic denitrifying bacteria* 存在生物多样性[39]。

2. 反硝化细菌的生长特征

NO_2^- 对人和生物具有毒害作用，其对鱼类的毒害机理主要是：亚铁蛋白被氧化成高铁蛋白，从而使血液失去载氧能力，严重时导致死亡。在水产养殖业中，水体中的 NO_2^- 浓度高是引起鱼虾等死亡的直接或间接原因。*Denitrifying bacteria* 具有降解 NO_2^- 的能力。

　　Denitrifying bacteria 是将 NO_2^- 作为氮源、有机碳作为碳源，进行自身繁殖的微生物，通常氮、碳源物质的量的比例为 1：7，即消化 1 分子氮需要 7 分子碳。合理使用 *Denitrifying bacteria* 和枯草芽孢杆菌（*Bacillus subtilis*），是优化养殖水质的关键。当养殖水体受到严重污染时，先使用 *Denitrifying bacteria* 降解 NO_2^-，再辅以 *Bacillus subtilis* 或粪链球菌净化水质，达到优势互补的效果。

6.5.2　反硝化细菌的作用机理

　　在高密度水产养殖过程中需要连续增氧以保证养殖水体中的 DO 浓度，确保养殖水生动物的呼吸需求，在这种条件下，厌氧反硝化细菌（*Anaerobic denitrifying bacteria*）的反硝化作用难以发挥。而 *Aerobic denitrifying bacteria* 作为一种新型的脱氮微生物受到越来越多的关注。好氧反硝化作用具有明显的优势：①细菌在有氧条件下进行反硝化作用，使硝化和反硝化作用同步进行，硝化反应的产物直接作为反硝化作用的底物，由此避免了 HNO_3、HNO_2 的积累造成的对硝化反应的抑制，加速了硝化与反硝化的进程，且反硝化释放出的 OH^- 可部分补偿硝化反应所消耗的碱，使系统的 pH 相对稳定；②*Aerobic denitrifying bacteria*（多数为异养菌）可将氨在好氧条件下直接转化为 N_2，且氧化反应可由单一反应器一步完成，其降低了操作难度和运行成本；③大部分 *Aerobic denitrifying bacteria* 能很好地适应厌氧—缺氧的周期性变化，在有氧、缺氧交替时具有生态优势，其生长迅速、增殖快、对 DO 浓度要求较低，能适应的 pH 范围广，且投资少、反硝化彻底，在实际生产中应用得越来越广[40]。

　　传统理论认为 *Denitrifying bacteria* 是厌氧的微生物，但到目前为止，除已发现的 *Aerobic denitrifying bacteria* 外，还发现存在自养型 *Denitrifying bacteria*[如脱氮硫杆菌（*Thiobacillus denitrificans*）]，其能利用一些无机物在氮化过程中释放出的能量将 NO_3^- 还原。自养型反硝化细菌的特点是：①不需要添加有机物作为碳源，节省了开支；②产生极少量的污泥，能将污泥处理得较干净。自养反硝化为生物脱氮开辟了一条新途径。

6.5.3　反硝化细菌在水产养殖业中的应用

　　我国淡水渔业水质标准《淡水池塘养殖水排放要求》（SC/T 9101—2007）规定，养殖水体中的 HNO_2 含量应控制在 0.2mg/L 以下，河虾、对虾育苗水体中的 NO_2^- 浓度应控制在 0.1mg/L 以下。控制养殖水体中 NO_2^- 的含量是集约养殖系统养殖成功的关键。*Denitrifying bacteria* 因能还原 NO_3^- 和 NO_2^- 为 N_2 而受到重视。

　　张小玲从土壤中分离出一株高活性 *Denitrifying bacteria* DNF409，在天然水域中碳与氮物质的量的比例达到 8：1、菌体浓度达到 1×10^8CFU/L 条件下，其反硝化活性较高，对 NO_3^- 和 NO_2^- 的降解率分别达到 94.79% 和 99.94%[40]。实际应用表明，*Denitrifying bacteria* 能有效地降低养殖水体中的 NO_2^- 含量，特别是晴天使用后能在较长时间内控制 NO_2^- 含量处在较低水平。

　　为保证微生物在复杂的环境和激烈的竞争条件下仍能稳定地高效发挥作用，研究人员采用了微生物固化技术。固化微生物的方法多种多样,主要有表面吸附固定、交联固定、包埋固定和自身固定等方法。应用于生物脱氮的微生物多采用包埋固定方法,即用高分子材料制成凝胶,将微生物包埋于凝胶内部。该方法操作简单,不会降低微生物活性,用于养殖水体氨氮去除的实例较多。在国外,使用海藻酸钙固定假单胞菌进行反硝化,处理 NO_3^- 浓度为 20mg/L 的养殖水体,其反硝化速度达到 66mg/(kg·h),容积负荷达到 3.6kg/(m³·d)。Wijffels 用角叉藻胶固定从土壤中分离出 *Denitrifying bacteria*,并在容积为 2L 的外循环流化床中进行连续脱氮试验,在水力停留时间为 1h、进水 NO_3^- 含量为 8～16mg/L、固定化细胞填充率为 11.1%的条件下,脱氮率可达 90%以上。

治理养殖水体污染不能单靠 *Denitrifying bacteria* 一种微生物,需要多种微生物协同作用。因此,随着固化技术的不断完善,利用微生物治理污染水体的效果会更好。曹国民等采用海藻酸钠将 *Nitrifying bacteria* 和 *Denitrifying bacteria* 联合包埋,利用扩散力在颗粒内部产生氧浓度梯度,形成好氧区、缺氧区和厌氧区,使硝化和反硝化两个过程同时进行,构成单极生物脱氮系统,并且在好氧条件下同时进行硝化与反硝化研究,研究结果显示,联合固定化系统的氨氧化速率约为 *Nitrifying bacteria* 单独使用时的 1.4 倍,脱氮速率为硝化细菌单独使用时的 2.6 倍[41]。李正魁和濮培民采用低温辐射技术制备高分子载体,通过吸附使 *Nitrifying bacteria* 和 *Denitrifying bacteria* 固定在共聚载体内部和表面,进行废水处理时,总氮下降了 70%,氨氮下降了 84%,COD 下降了 68%,水质得到明显改善[42]。这些联合固定化工艺使硝化和反硝化作用同时进行,实现了生物脱氮工艺的简化,大大降低了处理成本。韩士群等把 *Photosynthetic bacteria*、*Bacillus subtilis*、*Nitrifying bacteria* 和 *Denitrifying bacteria* 等微生物进行固定化处理,利用 *Photosynthetic bacteria* 促进有机物分解、*Nitrifying bacteria* 氧化氨氮、*Bacillus subtilis* 和 *Denitrifying bacteria* 进行反硝化脱氮,达到了很好的效果[43]。

6.6 芽孢杆菌

芽孢杆菌(*Bacillus*)(图 6-4)为化能异养型好氧细菌,当养殖水体的 DO 浓度较高时,其繁殖速度加快,对有机物的降解效率提高,因此使用该菌时,需维持养殖水体的 DO 在一定浓度范围内。*Bacillus* 在使用前需要活化菌种,活化的方法通常为加入少量的红糖或蜂蜜,并曝气 5h 以上。

6.6.1 芽孢杆菌的生物学特性及分类

Bacillus 为革兰氏阳性菌,杆状,是一类好氧或兼性厌氧菌,能产生抗逆性内生孢子。芽孢是休眠体,大部分情况是 1 个菌体形成 1 个芽孢。芽孢位于菌体内,由核心、皮层、芽孢壳和外壁构成。核心是芽孢的原生质体,内含 DNA、RNA,以及与 DNA 相联系的特异芽孢蛋白质及能量系统;此外,还有一定浓度的嘧啶羧酸钙。皮层处于核心和芽孢壳之间,富含肽聚糖。芽孢壳由蛋白质以及少量碳水化合物组成,可能还含有大量的磷。最外层是外壁,其主要成分是蛋白质、一定量的葡萄糖和类脂。*Bacillus* 多数为腐生菌,主

要分布于土壤、植物表面及水体中，能产生蛋白酶等多种酶类和抗生素。在水产养殖业中应用较多的包括蜡样芽孢杆菌（*Bacillus cereus*）、地衣芽孢杆菌（*Bacillus licheniformis*）和枯草芽孢杆菌（*Bacillus subtilis*）等，它们的宽度为 0.5～0.8μm，长度为 1.6～4.0μm，利用芽孢繁殖。芽孢位于菌体中央，由于芽孢繁殖的特性，其对高温、干燥、化学物质有较强的抵抗力，因此在生产加工和储存上更为方便[44]。

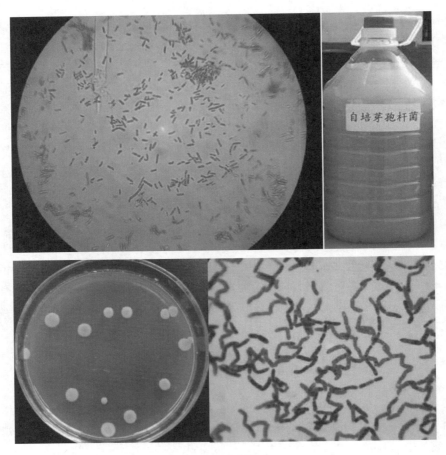

图 6-4　芽孢杆菌

Bacillus 包括许多特殊功能菌株，它们在工、农、医等领域的研究和应用越来越多。例如，部分菌株可在高渗透压、高酸碱度、高温、高寒的环境条件下生长，生态学价值显著；有些菌株可分泌多种酶系，用于酶制剂工业生产；有些菌株可作为多种蛋白基因的表达受体，在基因工程和生物医学领域的应用和研究价值较高。*Bacillus* 在自然界中的分布较广泛，其既可以克服当前水产动物酶制剂易失活、热稳定性差等缺点，又具有无抗药性、能净化水质等优点，已成为水产养殖业中使用率较高的微生物群落。

　　目前主要应用的 *Bacillus* 有枯草芽孢杆菌、凝结芽孢杆菌（*Bacillus coagulans*）、缓慢芽孢杆菌（*Bacillus lentus*）、地衣芽孢杆菌、短小芽孢杆菌（*Bacillus pumilus*）、蜡样芽孢杆菌、环状芽孢杆菌（*Bacillus circulans*）、巨大芽孢杆菌（*Bacillus megaterium*）、坚强芽孢杆菌（*Bacillus firmus*）、东洋芽孢杆菌（*Bacillus toyoi*）、纳豆芽孢杆菌（*Bacillus natto*）、芽孢乳杆菌（*Lactobacillus sporogens*）和丁酸梭菌（*Clostridium butyricum*）等，在使用时一般制成休眠状态的活菌剂或与 *Lactobacillus* 混合使用。

6.6.2　芽孢杆菌的作用机理

1. 产生营养物质，促进动物生长

Bacillus 制剂在配合饲料的制粒过程以及酸性环境中都能保持较高的稳定性，其进入水生动物肠道后能迅速增殖，转变成能促进新陈代谢的营养型细菌[44]。

Bacillus coagulans 能产生乳酸，可提高动物对 Ca、P、Fe 的利用率，促进维生素 D 的吸收。*Bacillus natto* 具有分解蛋白质、碳水化合物、脂肪等大分子物质的作用，能丰富发酵产品中的氨基酸、有机酸、寡糖等成分，使其同时具有保健功能。

2. 产生多种酶类，提高动物消化酶活性

Bacillus subtilis 在制剂中以内生孢子的形式存在，进入肠道后能迅速复活并分泌活性蛋白酶、脂肪酶和淀粉酶等多种酶，这些酶可以大大提高饲料转化率。

3. 提高动物免疫力，防病治病

Bacillus subtilis 能通过产生抗体和增强噬菌作用等激发体液免疫和细胞免疫，增强水生动物免疫能力。*Bacillus subtilis* 还可使动物血清中的中性粒细胞吞噬能力提高 17%以上。

4. 促进有益菌群增殖，拮抗动物病原菌

Bacillus subtilis 制剂被投放到养殖水体中后，可以迅速增殖形成有益微生物菌群，并成为优势菌群，与有害菌群形成竞争关系，从而抑制有害菌群的增殖，维持并调节动物肠道内的微生态平衡。其代谢所产生的挥发性脂肪酸等代谢产物有利于肠道抵御病原菌的侵袭。

5. 分解有机污染物，净化水质

Bacillus 分泌的胞外酶可以将水体中的蛋白质、淀粉、脂肪等有机物分解和吸收，从而降低水体中有毒有害物质浓度。在养殖水体中加入一定量的 *Bacillus subtilis* 菌剂，氨氮、NO_2^-、H_2S 等有害物质浓度大大降低，表明枯草芽孢杆菌起到了净化水质的作用。

6. 改善养殖动物产品的品质，提高其耐受力和抗应激能力

Bacillus 能改善养殖动物的品质，如改善养殖鱼类的肉色与体质、降低药物残留量和提高养殖动物耐受力与抗应激能力等。张庆等用 *Bacillus* 作为复合微生物制剂的主要成分，投喂斑节对虾，对虾的肉色与体质都得到明显改善，虾体蛋白质含量大大提高[45]。

6.6.3　芽孢杆菌在水产养殖业中的应用

1. 净化水质

近四十年来我国水产养殖业不断发展，集约化程度不断提高，单位养殖面积的产量大幅增加。由于在养殖理念和方式上缺乏科学安排，养殖水体不断恶化，病害频发，严重影响了养殖业的健康发展，造成了巨大的经济损失。良好的养殖水体水质是水生生物生存和生长的重要基础，为减少养殖水体污染及养殖水产品药物残留问题，科研人员开始探讨和研究使用有益微生物。李卓佳等利用以 *Bacillus subtilis* 为主要菌种的复合微生物制剂进行水产养殖有机污泥的分解试验，活菌数为 10^9 个/g，使用量为 1.5～4.5mg/L，1 个月后，3～5cm 厚的有机污泥被彻底分解[46]。丁雷和赵德炳发现，*Bacillus* 可以降低水体中的 NO_3^-、NO_2^- 含量，有改善水质的作用[47]。吴伟等将 *Bacillus subtilis*（含量 10^9 个/g）施放到养殖池塘中，结果表明，*Bacillus subtilis* 降低了水体中的 COD，有效地改善了水质和底质环境[48]。

2. 防治病害

水质恶化必然导致养殖水生动物疾病的发生。为防治水产养殖动物疾病，化学药物被大量使用，从而引起药物残留问题。有科研人员将 *Bacillus* 接种到锯盖鱼幼体养殖水体中，发现其可显著减少弧菌数量。

3. 饲料添加剂

Bacillus subtilis 也是一种良好的饲料添加剂，且作为饲料添加剂其功能性作用较多：①发挥刺激免疫的作用，增强水产动物的非特异性免疫功能。刘克林和何明清在鲤鱼的饲料中添加 1% 的 *Bacillus licheniformis*，与对照组相比，试验组免疫器官（如胸腺、脾脏）生长发育快，免疫器官内 T、B 淋巴细胞成熟快、数量多、抗体多，免疫功能增强[49]。华雪铭等在异育银鲫饲料中添加不同浓度的 *Bacillus subtilis*，发现这可以显著降低异育银鲫感染嗜水气单胞菌的概率，在一定程度上增强异育银鲫的非特异性免疫功能[50]。②改善水产动物的品质。③*Bacillus* 可以向细胞外分泌淀粉酶、蛋白酶等，弥补鱼类内源酶不足的缺点，同时，其分泌的 B 族维生素等可以促进肠道对铁、钙离子及维生素 D 的吸收。

6.7　乳　杆　菌

Lactobacillus（图 6-5）可以分解糖类并产生乳酸，无芽孢，革兰氏阳性菌，厌氧或兼性厌氧，稳定性差，在 pH 为 3.0～4.5 时可生长，能适应胃肠的酸性环境。*Lactobacillus* 在饲料添加剂中具有重要地位，美国食品药品监督管理局 1989 年公布的 42 种微生物中有近 30% 是 *Lactobacillus*。*Lactobacillus* 是鱼肠道中的常规菌群，可以阻止和抑制有害物质，提高鱼抵抗疾病的能力。*Lactobacillus* 能合成多种维生素，如维生素 B_1、维生素 B_2、维生素 B_6、维生素 B_{12}、烟酸、泛酸、叶酸等，其在动物体内通过降低 pH、抑制致病菌的

侵入和定植维持肠道内部的生态平衡[51]。*Lactobacillus* 活菌体及其代谢产物含有高浓度超氧化物歧化酶（superoxide dismutase，SOD），能消除氧自由基的不利影响，增强体液免疫和细胞免疫，提高机体调节能力，促进水产动物生长。但该菌在生长过程中受环境影响显著，抗逆性差，易失活，难保藏，使用范围受到一定限制。目前，市场上销售的 *Lactobacillus* 产品多采用微胶囊技术包埋，这可以保存其活性，提高其对环境的适应性和抗逆性，但造价较高。

图 6-5　乳杆菌

6.7.1　乳杆菌的生物学特性

　　Lactobacillus 是鱼肠道内的正常菌群，其数量与营养物质、环境因素息息相关。例如，不饱和脂肪酸、盐分、氧化物等均会影响鱼肠道内 *Lactobacillus* 的数量，饲料的种类和季节因素也会影响鱼肠道内 *Lactobacillus* 的变化[52]。*Lactobacillus* 在鱼肠道内定植，并产生一些抑菌物质（如有机酸等），这样可以抵抗革兰氏阴性致病菌，提高鱼类抗感染能力，增强肠黏膜的免疫调节活性，促进生长。

6.7.2　乳杆菌的作用机理

1. 抑制病原菌，预防疾病

Lactobacillus 可通过 3 种机制抑制和杀灭病原菌：①产生乳酸等有机酸降低环境 pH，大多数不耐酸的腐败菌和致病菌被抑制；②产生类似于细菌素的细小蛋白质或肽，杀死李斯特菌、金黄色葡萄球菌等致病菌；③产生 H_2O_2，杀死假单胞菌、大肠杆菌等有害细菌。此外 *Lactobacillus* 可产生抗胆固醇因子，显著减少肠道对胆固醇的吸收。总之，*Lactobacillus* 能够调节肠道菌群平衡，减少肝胆的代谢负担，防止细菌性疾病和肝胆疾病的发生。

2. 促进消化，提高免疫力

Lactobacillus 能分泌乳酸等有机酸和淀粉酶、蛋白酶等消化酶类，促进消化吸收，提高饲料转化率；可产生氨基酸和维生素等营养物质，促进水产动物的营养代谢；可通过非特异性免疫应答和刺激特异性免疫应答的方式提高水产动物的免疫力。

3. 净化养殖水质

Lactobacillus 可与 *Bacillus subtilis*、*Photosynthetic bacteria*、*Denitrifying bacteria* 等有益菌混合使用，调控养殖水质指标。混合制剂可有效分解养殖水体中的残饵、粪便等有机质，降低氨氮、NO_2^- 和 H_2S 等有害物质的含量，改善水体生态环境，净化水质，促进鱼虾类健康生长。

6.7.3　乳杆菌在水产养殖业中的应用

1. *Lactobacillus*-LH 对几种水产养殖病原弧菌的抑制作用

周海平等探索了 *Lactobacillus*-LH 对水产养殖病害的生物防治作用，研究结果表明，*Lactobacillus*-LH 代谢产物对沙蚕弧菌（*Vibrio nereis*）、哈维氏弧菌（*Vibrio harveyi*）、溶藻弧菌（*Vibrio alginolyticus*）、副溶血性弧菌（*Vibrio parahaemolyticus*）、需钠弧菌（*Vibrio natriegens*）均有抑制能力，且进一步的研究表明，只有 *Lactobacillus*-LH 培养 24h 以上的代谢产物才具有明显的抑菌效果，随着培养时间的延长，代谢产物的抑菌活性逐渐增强[53]。在模拟养殖水体中，10CFU/mL 的 *Lactobacillus*-LH 即对 *Vibrio harveyi* 有明显的抑制作用。

2. 乳杆菌对牙鲆稚鱼养殖水体和肠道菌群的影响

陈营等进行了 *Lactobacillus* 对牙鲆稚鱼养殖水体和肠道菌群影响的研究[54]。在牙鲆稚鱼的饲养过程中投喂 *Lactobacillus rhamnosus*-P15 制剂和黄霉素，在 60d 的投喂试验中，检测好氧异养菌总数、弧菌总数和 *Lactobacillus* 的数量。结果表明，在投喂菌液和冻干粉后，养殖水体中和牙鲆稚鱼肠道内的 *Lactobacillus* 数量上升，并且 30d 后达到稳定状态并定植于肠道内。同时，由于 *Lactobacillus* 的抑制作用，弧菌的数量下降。*Lactobacillus* 对养殖水体和牙鲆肠道菌群的影响效果与抗生素类似，说明 *Lactobacillus* 可作为饲料添加剂使用，以取代抗生素[54]。

6.8　酵　母　菌

6.8.1　酵母菌的生物学特性

　　酵母菌（图 6-6）是需氧菌，在酸性环境中生存，不耐热，在温度 60～70℃条件下 1h 内死亡，从鱼体和水体中分离得到的酵母菌主要有假丝酵母属、红酵母属等。酵母菌富有动物所必需的多种营养成分，包括维生素、蛋白质、多种酶系，在水产养殖业中广泛使用，具有增加饲料适口性、促进动物吸收和改善水产动物肠道微生态环境等作用[55]。酵母菌细胞壁的主要成分是甘露聚糖和葡聚糖，其可增强吞噬细胞的活性，促进机体免疫，提高动物抗病能力。

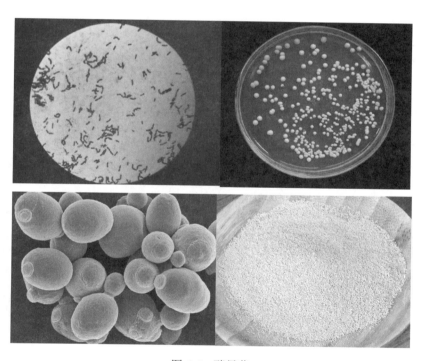

图 6-6　酵母菌

6.8.2　酵母菌的作用机理

　　酵母菌的主要功用是调节水产动物肠道内的微生物菌群比例,促进有益菌的生长与繁殖，降低病原菌在动物肠道黏膜表面的定植量，增加动物机体的免疫力，提高血液免疫球蛋白水平。

参 考 文 献

[1]　王玉堂. 微生态制剂在水产养殖业中的应用（连载一）[J]. 中国水产，2005（10）：62-63.

[2]　王雷，王宝杰，刘梅，等. 适于集约化水产养殖的固定化微生物技术的初步研究[J]. 海洋科学，2010，34（1）：1-5.

[3]　蔡雪峰. 微生物制剂的概念及相关理论[J]. 科学养鱼，2015（3）：92.

[4]　李凯年，孟丹，孟昱. 降低产蛋鸡群饲料成本的饲料添加剂[J]. 家禽科学，2010（10）：15-17.

[5]　田洁莉. 微生态制剂在水产养殖业中的应用[J]. 黑龙江水产，2010（6）：19-22.

[6]　赵海永. 水产用蛭弧菌 11 问[J]. 当代水产，2020，45（7）：88-91.

[7]　陈家长. 神克隆菌在河蟹养殖中的应用[J]. 科学养鱼，2001（7）：35.

[8]　王玉堂. 蛭弧菌及其在水产养殖动物疾病防治中的应用（连载一）[J]. 中国水产，2014（1）：49-51.

[9]　李敏佳. 蛭弧菌 BDE-1 的分离纯化、生物特性及促进其蛭质体形成的研究[D]. 广州：华南理工大学，2018.

[10]　吕晓龙. 海参养殖水体病原微生物生物治理技术研究[D]. 大连：大连海事大学，2012.

[11]　梁思成. 蛭弧菌 Bdh5221 株理化特性和 16Sr DNA 序列分析及其在水产养殖中的运用研究[D]. 雅安：四川农业大学，2008.

[12]　杨淑专，黄庆辉. 海洋噬菌蛭弧菌对对虾病原菌及其他细菌的寄生作用[J]. 厦门大学学报，1997（3）：133-137.

[13]　Pineiro S A，Sahaniuk G E，Romberg E，et al. Predation pattern and phylogenetic analysis of Bdellovibrionaceae from the Great Salt Lake，Utah[J]. Current Microbiology，2004，48（2）：113-117.

[14]　秦生巨. 噬菌蛭弧菌及其微生物生态制剂在水生动物养殖上的应用[J]. 水产科技情报，2007（1）：29-32.

[15]　邵桂元，沈启华，洪黎民. 鱼病蛭弧菌的微生态学初步研究[J]. 中国微生态学杂志，1995（5）：17-19.

[16]　李戈强，章勇良，徐伯亥. 不同条件下蛭弧菌裂解河流弧菌的研究[J]. 水生生物学报，1998（3）：265-271.

[17]　杨莉，马志宏，黄文，等. 蛭弧菌对鲤感染嗜水气单胞菌预防效果的观察[J]. 大连水产学院学报，2000（4）：288-292.

[18]　秦生巨. 我国对噬菌蛭弧菌的研究（四）[J]. 当代水产，2014，39（9）：58.

[19]　薛恒平. 浅析水产养殖中的有益菌与生态防治[J]. 畜牧与兽医，2006，38（2）：19-22.

[20]　冯晓英，顾玲，庄菱. 噬菌蛭弧菌研究进展[J]. 江苏预防医学，2000（4）：23-26.

[21]　李跃. 金黄色葡萄球菌裂解性噬菌体治疗乳房炎的实验研究[D]. 长春：吉林大学，2014.

[22]　Thomashow M F，Cotter T W. Bdellovibrio host dependence：the search for signal molecules and genes that regulate the intraperiplasmic growth cycle[J]. Journal of bacteriology，1992，174（18）：5767-5771.

[23]　秦生巨，张贤良，郭和厚，等. 噬菌蛭弧菌对河水中大肠菌群除菌作用的观察[J]. 消毒与灭菌，1988（3）：135-137.

[24]　余倩，殷强仲，赵丹燕. 成都市主要河流水中噬菌蛭弧菌的调查[J]. 现代预防医学，1994（3）：174-194.

[25]　黄冬菊，林红华. 噬菌蛭弧菌微生态制剂[J]. 福建农业，2002（9）：21.

[26]　陈家长，胡庚东，吴伟，等. 有益微生物在中华绒螯蟹养殖中应用的研究[J]. 上海水产大学学报，2003（3）：271-273.

[27]　曾地刚，雷爱莹，彭敏，等. 噬菌蛭弧菌预防和治疗斑点叉尾鮰细菌性败血病的初步研究[J]. 广西农业科学，2004（3）：218-220.

[28]　徐琴，李健，刘淇，等. 微生态制剂对中国对虾幼体生长和非特异性免疫的影响[J]. 饲料工业，2006（12）：26-29.

[29]　韩韬，蔡俊鹏，宋志萍，等. 应用蛭弧菌清除海产品潜在致病弧菌的研究[J]. 水产科学，2005（11）：26-28.

[30]　俞吉安，叶永钧，林志新，等. 光合细菌中类胡萝卜素对脂质过氧化抑制作用研究[J]. 上海交通大学学报，1998（3）：109-112.

[31]　伊玉华，南春华. 光合细菌在对虾养殖上的应用[J]. 大连水产学院学报，1990（1）：66-69.

[32]　叶奕佐，叶嵘，王苹萍，等. 光合细菌（PSB）和翻富（FAMP）在温室无沙养鳖中的应用研究[J]. 水产科技情报，1996（2）：51-55.

[33]　祝国芹，姜静颖，刘卫，等. 高活性光合细菌的分离培养及应用[J]. 水产科学，1994（1）：6-10.

[34]　王玉堂. 光合细菌及其在水产养殖业的应用（二）[J]. 中国水产，2009（4）：49-51.

[35]　王玉堂. 硝化细菌与反硝化细菌及其在水产养殖业的应用[J]. 中国水产，2009（6）：55-58.

[36]　李长玲，黄翔鹄，李瑞伟，等. 硝化细菌改善鱼苗培育环境增强罗非鱼抗逆性研究[J]. 渔业现代化，2008（5）：29-33.

[37]　Robertson L A，Kuenen J G. Aerobic denitrification：a controversy revived[J]. Archives of Microbiology，1984（139）：351-354.

[38] 吴美仙, 李科, 张萍华. 反硝化细菌及其在水产养殖中的应用[J]. 浙江师范大学学报, 2008 (4): 467-471.

[39] 李俊英, 王荣昌, 夏四清. 一体式生物膜反应器生物强化反硝化研究[J]. 南阳师范学院学报, 2008 (9): 44-46.

[40] 张小玲. 反硝化菌 DNF409 水体脱氮规律研究及其 narG 基因的中断[D]. 武汉: 华中农业大学, 2006.

[41] 曹国民, 赵庆祥, 龚剑丽, 等. 固定化微生物在好氧条件下同时硝化和反硝化[J]. 环境工程, 2000 (5): 17-23.

[42] 李正魁, 濮培民. 净化湖泊水体氮污染的固定化硝化-反硝化菌研究[J]. 湖泊科学, 2000 (2): 119-123.

[43] 韩士群, 刘海琴, 周建农, 等. 有益微生物饲料添加剂对水体生态和鱼生长的影响[J]. 江苏农业科学, 2005 (2): 91-94.

[44] 杨文静. 家蚕肠道产淀粉酶细菌的分离鉴定及其酶基因的克隆与表达[D]. 合肥: 安徽农业大学, 2011.

[45] 张庆, 李卓佳, 陈康德. 复合微生物对养殖水体生态因子的影响[J]. 上海水产大学学报, 1999 (1): 43-47.

[46] 李卓佳, 张庆, 陈康德. 有益微生物改善养殖生态研究——Ⅰ.复合微生物分解有机底泥及对鱼类的促生长效应[J]. 湛江海洋大学学报, 1998 (1): 5-8.

[47] 丁雷, 赵德炳. 光合细菌在水产养殖上的应用研究与进展[J]. 水利渔业, 2001 (1): 23-25.

[48] 吴伟, 余晓丽, 黎小正, 等. 芽孢杆菌与假单胞菌的疏水性及其应用[J]. 中国环境科学, 2003 (2): 41-45.

[49] 刘克琳, 何明清. 益生菌对鲤鱼免疫功能影响的研究[J]. 饲料工业, 2000 (6): 24-25.

[50] 华雪铭, 周洪琪, 邱小琮, 等. 饲料中添加芽孢杆菌和硒酵母对异育银鲫的生长及抗病力的影响[J]. 水产学报, 2001 (5): 448-453.

[51] 王玉堂. 乳酸菌及其在水产养殖业的应用[J]. 中国水产, 2009 (10): 56-58.

[52] 司国利, 关会营, 刘长松. 乳酸菌类微生态制剂的应用及其质量控制[J]. 广东饲料, 2017, 26 (12): 28-30.

[53] 周海平, 李卓佳, 杨莺莺, 等. 乳酸杆菌 LH 对几种水产养殖病原弧菌的抑制作用[J]. 台湾海峡, 2006 (3): 388-395.

[54] 陈营, 王福强, 邵占涛, 等. 乳酸菌对牙鲆稚鱼养殖水体和肠道菌群的影响[J]. 海洋水产研究, 2006 (3): 37-41.

[55] 窦茂鑫, 吴涛. 饲用微生态制剂的发展现状与应用性研究[J]. 饲料研究, 2013 (1): 13-17.

第7章　有益微生物的功能与应用现状

7.1　工厂化养殖水环境参数

7.1.1　pH

pH 是指氢离子浓度指数，用于衡量水体酸碱度，它在数值上等于水溶液中氢离子浓度的负对数，即 pH = $-$lg[H$^+$]。水是一种极弱的电解质，pH 的概念来源于水的电离（图 7-1），电离反应式为 $H_2O + H_2O \rightleftharpoons H_3O^+ + OH^-$。

图 7-1　水的电离

通常水的电离反应式被简化为 $H_2O \longrightarrow H^+ + OH^-$。水的电离反应是一个吸热反应，受水体温度的影响。通常 25℃时纯水显电中性，即[H$^+$] = [OH$^-$] = 1×10^{-7}mol/L。一般水体中除 H$^+$ 和 OH$^-$ 外，还主要存在 Ca^{2+}、Mg^{2+}、K$^+$、Na$^+$、HCO$_3^-$、CO$_3^{2-}$、SO$_4^{2-}$ 和 Cl$^-$ 八大离子。水体呈电中性，根据电荷守恒原理有如下等式成立：

$$[H^+] + 2[Ca^{2+}] + 2[Mg^{2+}] + [Na^+] + [K^+] = [OH^-] + [HCO_3^-] + 2[CO_3^{2-}] + 2[SO_4^{2-}] + [Cl^-] \quad (7\text{-}1)$$

一般认为，在 25℃时，若 pH = 7，则溶液呈中性；若 pH<7，则溶液为酸性；若 pH>7，则溶液为碱性[1]。

7.1.2　氨氮

一般氨氮有两种来源：①工厂化养殖系统有机污染物的分解产物，即氨化作用；②养殖动物与其他水生动物的排泄产物。氨氮有两种形式，即 NH$_4^+$ 与 NH$_3$，氨氮在水环境里，这两种形式可以相互转化。

NH$_3$ 和 NH$_4^+$，藻类均能直接吸收利用，但对于养殖动物 NH$_3$ 又显示出很大的毒性。所以，氨氮平衡对实际养殖生产具有重要的指导意义。

进入水体的氨氮，有

$$NH_3 + H_2O \longrightarrow NH_4^+ + OH^- \quad (7\text{-}2)$$

一般来说，温度一定时水体氨氮中 NH$_4^+$ 和 NH$_3$ 的比例取决于水体的 pH，pH 越高，则 NH$_3$ 的比例越大；水温越低，pH 越低，NH$_3$ 的比例越小，其毒性越小，pH 低于 7.0 时，

几乎都是 NH_4^+；水温越高，pH 越高，NH_3 的比例越大。不同温度和 pH 下水体氨氮中 NH_3 的比例见表 7-1。

表 7-1　不同温度和 pH 下水体氨氮中游离氨（NH_3）的比例（%）[①]

pH	温度/℃								
	16	18	20	22	24	26	28	30	32
7.0	0.30	0.40	0.40	0.46	0.52	0.60	0.70	0.81	0.95
7.2	0.47	0.40	0.63	0.02	0.82	0.95	1.10	1.27	1.50
7.4	0.74	0.86	0.99	1.14	1.30	1.50	1.73	2.00	2.36
7.6	1.17	1.35	1.56	1.79	2.05	2.35	2.72	3.13	3.69
7.8	1.84	2.12	2.45	2.80	3.21	3.68	4.24	4.88	5.72
8.0	2.88	3.32	3.83	4.37	4.99	5.71	6.55	7.52	8.77
8.2	4.49	5.60	5.94	6.76	7.68	8.75	10.00	11.41	13.22
8.4	6.93	7.94	9.09	10.30	11.65	13.20	14.98	16.96	19.46
8.6	10.56	12.03	13.68	15.40	17.28	19.42	21.83	24.45	27.68
8.8	15.76	17.82	20.08	22.80	24.88	27.64	30.68	33.90	37.76
9.0	22.87	25.70	28.47	31.37	34.42	37.71	41.23	44.84	49.02
9.2	31.97	35.50	38.69	42.01	45.41	48.96	52.65	56.30	60.38
9.4	42.68	46.32	50.00	53.45	56.86	60.33	63.79	67.12	70.72
9.6	54.14	57.77	61.31	64.54	67.63	70.67	73.63	76.39	79.29
9.8	65.17	68.43	71.53	74.25	76.81	79.25	81.57	83.68	85.85
10.0	74.78	77.46	79.92	82.05	84.00	85.82	87.52	89.05	90.58
10.2	82.45	84.48	86.32	87.87	89.27	90.56	91.75	92.80	93.84

$$游离氨（NH_3）的比例 = \frac{[NH_3]}{[NH_4^+]+[NH_3]} \times 100\% \tag{7-3}$$

式中，[NH_3] ——水体中 NH_3 的浓度，mg/L；

[NH_4^+] ——水体中 NH_4^+ 的浓度，mg/L；

[NH_4^+] + [NH_3] ——水体中氨氮总浓度，mg/L。

7.1.3　亚硝酸盐

NO_2^- 是 NH_3、HNO_3、N_2 等氮转化过程的中间产物，这里的氮转化主要指硝酸盐呼吸（还原）或脱氮作用、氨硝化作用。

硝酸盐呼吸（还原）或脱氮作用，是由 *Denitrifying bacteria* 或脱氮菌参与的过程。一般在缺氧条件下，这些厌氧微生物利用 HNO_3 或其他氮的氧化物代替氧作为呼吸中的最终电子受体。当硝酸还原为 HNO、HNO_2、H_3NO 或 NH_3 时，这种异养过程称为硝酸盐还原或硝酸盐呼吸[2]。HNO_3 进一步发生还原作用，形成 N_2O 或 N_2 的过程，称为脱氮作用。

---

① Boyd C E. Bottom soil and water quality management in shrimp ponds[J]. Journal of Applied Aquaculture，2003，13（1）：11-33.

硝化作用，是在溶氧适宜条件下，经 *Nitrifying bacteria* 的作用，氨氮被进一步氧化为亚硝酸盐和硝酸盐。硝化作用大致分两个阶段进行，其一主要由亚硝酸菌参与，其二主要由硝酸菌参与[1]。

$$2NH_4^+ + 3O_2 \longrightarrow 4H^+ + 2NO_2^- + 2H_2O + 能量 \tag{7-4}$$

$$2NO_2^- + O_2 \longrightarrow 2NO_3^- + 能量 \tag{7-5}$$

7.1.4　溶解氧

水体中 DO 浓度的高低对鱼类的发育和生存都有直接影响，当 DO 浓度低于 1mg/L 时，鱼会采取浮头措施，如果不采取其他增氧措施就会导致鱼窒息死亡，同时也会给致病菌创造生存繁殖的有利条件，导致鱼因抗病能力降低而患病。而足够的 DO 可抑制生成有毒物质，且能降低有毒物质（如氨氮、NO_2^-、H_2S）的含量，此外还可以提升饵料转化率，这对养殖具有十分重要的意义[3]。

7.1.5　化学需氧量

COD 的高低反映了水质恶化中还原性物质的数量水平，COD 越高，表示水体有机物的含量越高。COD 的增加会使水中的 DO 减少，水体中部分有机物的氧化不完全，从而产生 NH_3、H_2S 等有毒气体，影响养殖鱼类的健康，严重时甚至会引起养殖鱼类、虾类的大量死亡[4]。

7.1.6　温度

鱼虾类生物属于变温动物，对水体的温度要求较高。水环境的温度过低和过高，都会对鱼虾类生物的体温和新陈代谢产生直接影响，严重时甚至会导致鱼虾类生物死亡，减少养殖产量，降低养殖质量。例如，鱼类的适宜生长温度为 25～32℃，若水环境的温度低于 10℃，鱼类则会进入冬眠蛰伏且低进食的状态，这会延缓其生长发育；若水环境温度过高，则会降低鱼类的耐受性且加速其死亡。而且，鱼类对水环境瞬时温度变化幅度的要求也较为严格，鱼苗、鱼种、成鱼的耐受温度变化幅度依次约为 2℃、3℃、5℃，如果瞬时温度变化幅度超过其耐受范围，鱼类则易出现"感冒""休克"等现象，从而影响鱼类的正常生长[5]。

7.1.7　硬度与钙镁离子

1. 硬度

硬度是指水中二价及以上价态金属离子含量的总和，包括 Mg^{2+}、Ca^{2+}、Mn^{2+}、Al^{3+}、Fe^{2+}、Fe^{3+}等，这些离子的共性是其含量偏高会使肥皂失去去污能力。硬度最初是指水沉淀肥皂水化液的能力。天然水的构成离子以 Mg^{2+} 和 Ca^{2+} 为主，在天然水中其他离子含量都很少，所以在构成水硬度上基本可以被忽略。因此，一般以 Mg^{2+} 和 Ca^{2+} 的含量来计算水的硬度。表示水硬度的单位有多种，常用的有以下两种。

（1）毫摩尔/升（mmol/L）：用 1L 水含有的形成硬度的离子的物质的量之和来表示，为常用硬度单位。

（2）毫克 $CaCO_3$/升（mg $CaCO_3$/L）：用 1L 水所含有的与形成硬度的离子的量相当的 $CaCO_3$ 的量表示。美国常用这个硬度单位。

以上两个水硬度单位的换算关系式：1 毫摩尔/升（mmol/L）= 100 毫克 $CaCO_3$/升（mg $CaCO_3$/L）

2. 钙镁离子

淡水养殖要求生产用水具有一定的硬度，即要求水中有一定的 Ca^{2+}、Mg^{2+}。Ca、Mg 不但是生物骨骼及体液的组成部分，也参与体内新陈代谢的调节，是生物生命过程必需的营养元素[6]。

Ca 是植物细胞壁及动物骨骼、介壳的重要组成元素，且对碳水化合物的转化、蛋白质的合成与代谢、N 和 P 的吸收转化以及细胞的通透性等均有重要影响。缺 Ca 会导致动植物的生长发育不良。不同的藻类对 Ca 的需求相差甚大，但 Ca 仍是水体初级生产中不可或缺的因子。Ca 是藻类细胞所必需的元素之一，大多数硅藻喜欢在硬水中生长，水中 Ca 含量过低会限制藻类的增殖。

Mg 是叶绿素的组成部分，各种藻类都需要 Mg。在糖代谢中 Mg 起着重要的作用。植物在结果实的过程中对 Mg 需求较大。Mg 不足，RNA 的净合成将会停止，从而导致氮代谢混乱，细胞内积累不稳定的磷脂及碳水化合物。缺 Mg 还会影响植物对 Ca 的吸收。

有研究发现，总硬度小于 10mg $CaCO_3$/L 时，即便施用无机肥料，浮游植物也会生长不佳。总硬度为 10～20mg $CaCO_3$/L 时，施用无机肥料的效果会不稳定。只有在总硬度大于 20mg $CaCO_3$/L 时，施用无机肥料才会使浮游植物生长效果最佳。

Ca^{2+} 可降低一价金属离子和重金属离子的毒性。之前有研究者用硬头鳟做试验，将水的硬度从 10mg $CaCO_3$/L 提高到 100mg $CaCO_3$/L，Cu^{2+} 和 Zn^{2+} 的毒性下降了约 75%。在硬水中大部分重金属离子的毒性都比在软水中小得多，这是因为 Ca^{2+} 浓度增加，减少了生物对其他重金属的吸收。Ca^{2+}、Mg^{2+} 能增加水的缓冲性，所以具有一定硬度的水能够较好地保持 pH 的稳定。

7.1.8　碱度与碳酸氢根、碳酸根离子

1. 碱度

对于池塘养殖水体来说，碱度和硬度都是非常重要的水质参数。碱度反映水结合质子的能力，即它是表示水中和强酸能力的一个参数。水中可以结合质子的各种物质共同形成碱度，在天然水中有 OH^-、CO_3^{2-}、HCO_3^- 及 PO_4^{3-}、BO_3^{3-}、SiO_3^{2-}、NH_3 等。碱度一般用"ALK"或"A"表示。养殖水体主要碱度成分为碳酸氢盐碱度（HCO_3^- 含量）、碳酸盐

碱度（CO_3^{2-} 含量）和氢氧化物碱度（OH^-含量）[7]，以上三种碱度的总和称为总碱度。
各种碱度用标准酸滴定时可发生下列反应：

$$OH^- + H^+ \rightleftharpoons H_2O \qquad\qquad (7\text{-}6)$$

$$CO_3^{2-} + H^+ \rightleftharpoons HCO_3^- \qquad\qquad (7\text{-}7)$$

$$HCO_3^- + H^+ \rightleftharpoons H_2CO_3 \qquad\qquad (7\text{-}8)$$

碱度的单位有两种：毫摩尔/升和毫克 $CaCO_3$/升。

（1）毫摩尔/升（mmol/L）：用 1L 水所含有的能结合质子（H^+）的物质的量表示。

（2）毫克 $CaCO_3$/升（mg $CaCO_3$/L）：用 1L 水所含有的与能结合质子（H^+）的物质的量相当的 $CaCO_3$ 的量表示。

2. 碱度与水产养殖的关系

水的碱度对水产养殖有重要影响。养殖用水对碱度有一定需求，但碱度过高不利于水产养殖。水体碱度与水产养殖的关系主要体现在以下三个方面。

1）降低重金属的毒性

重金属一般处于游离的离子态时毒性较大。重金属离子能与水中的 CO_3^{2-} 形成络离子或生成沉淀，从而降低游离金属离子的浓度。例如，研究人员进行 Cu 对大型蚤毒性的试验时证实，Cu 的有毒形式是 $CuOH^+$、Cu^{2+}，但当湖水的碱度足够大（pH 为 7.8～8.0，碱度为 42～511mg $CaCO_3$/L）时，加入水中的 Cu^{2+}约有 90%转化为 CO_3^{2-} 络合物，且 $CuOH^+$、Cu^{2+}的实际浓度很低，所以表现出 Cu 的毒性也较小[7]。当用含重金属药物防治鱼病时，要注意剂量（用量）与水体的碱度有关。碱度越大，越会降低含重金属药物的效果。

2）调节 CO_2 的产耗关系、稳定水的 pH

由于水中存在以下化学平衡：

$$Ca^{2+} + 2HCO_3^- \rightleftharpoons CaCO_3(s) + H_2O + CO_2 \qquad\qquad (7\text{-}9)$$

当呼吸作用较强时，化学平衡将向左移动，多余的 CO_2 可转化为 HCO_3^- 被储备起来。当光合作用较强时，化学平衡将向右移动，以补充被光合作用消耗的 CO_2。因此，碱度较大可以使水中的 CO_2 及 pH 相对稳定。

3）碱度过大对养殖生物的毒害作用

在我国干旱和半干旱地区部分水域碱度偏大，使得水中经济水生生物的种类明显减少。例如，内蒙古的达里诺尔湖，湖水的离子总量为 5.6g/L，总碱度为 44.5mmol/L，Mg^{2+}浓度为 1.0mmol/L，Ca^{2+}浓度为 0.14mmol/L，pH 为 9.5，其经济鱼类只有鲫鱼及瓦氏雅罗鱼。

养殖用水的碱度保持在 1～3mmol/L 较为适宜。美国国家环境保护局的《美国饮用水水质标准》提出："为了保护淡水生物，除天然浓度较低外，以 $CaCO_3$ 表示的碱度应不小于 20mg/L。"此外，罗国芝等提出养殖青鱼、草鱼、鲢鱼及鳙鱼四大家鱼时，用水碱度的危险指标为 10mmol/L。此危险指标是指养鱼用水的碱度如果达到这个值就应尤其小心，只要 pH 升高就会引起大批养殖鱼类死亡。但通过增加水中 Ca 的含量就可降低水的碱度[7]。

7.2　有益微生物与循环水水质

7.2.1　微生物制剂对氮素的去除

含氮无机物主要是指 NH_3 或 NH_4^+、NO_3^-、NO_2^- 等。含氮无机物是藻类最重要且最基础的营养元素，水体中 NH_3 或 NH_4^+、NO_3^-、NO_2^- 中的氮元素均为藻类可以直接吸收利用的有效氮的形式。藻类吸收利用水体中的这些含氮无机物，并通过光合作用合成自身的物质，这一过程称为同化作用。确保稳定持续的多样化藻类种群，是去除水体超标氮素最直接有效的措施。日常管理中，要避免藻类水华、倒藻，防止药物杀藻，以防藻类生态功能缺失断档。

含氮无机物也是微生物[硝化细菌（*Nitrifying bacteria*）、反硝化细菌（*Denitrifying bacteria*）或脱氮菌]的营养物质。通过 *Nitrifying bacteria*（包括亚硝酸菌和硝酸菌）的作用，NH_4^+ 可进一步被氧化为 NO_3^-。在硝化过程中，亚硝酸菌和硝酸菌通过氧化 NH_3 和 HNO_2 获得能量并用于生长，其代谢产物为 HNO_3。

所以，投放微生物制剂可以维持养殖系统微生物生态种群稳定，确保其活力，有效去除养殖系统氮素。

7.2.2　微生物制剂对 COD 的去除

COD 反映了水中浮游生物的数量水平。一方面，浮游生物向滤食性鱼类（鲢鱼、鳙鱼等）提供生物饵料；另一方面，其对稳定水质起着重要作用[8]。高产养殖塘适宜的 COD 为 10～20mg/L。通常将筛选出的特殊菌剂同天然植物结合，并用现代化生物发酵工艺，获得可降低 COD 的微生态制剂，其具有培藻、解毒、肥水等多重功效，安全绿色，若长期使用有助于建立起良好的养殖水体微生态环境和减少病害的发生。

7.3　有益微生物与水产品健康

健康养殖，是指以保护水产品消费者及养殖动物健康，同时生产出安全且营养的水产品为目的的养殖方式，其最终目标为无公害养殖生产。无公害水产品，是指产品质量、产地环境和生产过程均符合国家有关标准及规范要求，经认证合格且取得认证证书，并用无公害标志标识的农产品初加工或未经加工的水产品[9]。动物有益微生物制剂，是指将动物体内正常的微生物或生长促进物质用特殊加工工艺制成的活菌剂。它具有维持、补充和调整特定动物肠道内微生态平衡的作用，从而达到防治疾病，并促进养殖动物健康生长及增重的目的。就水产养殖业而言，动物有益微生物制剂还应包括调节养殖环境，消除或减少养殖环境中的有毒、有害物质，确保养殖环境优良的作用[10]。

随着对动物源性食品质量要求的不断提高，消费者对使用抗生素药物及人工合成化学物质生产出来的产品的质量表现出极大担忧，因此，高效、无毒和环保的酶制剂及有益微生物制剂已经开始在养殖生产中大面积应用。随着生物技术的不断发展，有益微生物制剂和酶制剂已成为新型绿色饲料添加剂及水质底质改良剂中的优选产品，其应用前景非常广阔。

7.3.1　有益微生物制剂对水产养殖动物疾病防治的作用机理

水产养殖业采用有益微生物制剂的目的是通过高效调节水体微生态环境或水质，间接地防止水产养殖动物疾病的发生，有的有益微生物制剂还可参与动物体内微生态的调节。其主要作用机理有以下几个方面。

1. 参与养殖动物体内的微生态调节

有益微生物制剂通过竞争作用来调节宿主体内菌群结构，从而抑制有害生物的生长，预防和减少疾病的发生。微生物制剂进入动物体内后，会在动物肠道内产生有益菌群，有益菌群会与致病菌争夺生存与繁殖空间、定居部位和营养素等。其具体作用如下。

1）分泌抑菌物质，抑制病原体的生长

大量研究结果表明，许多益生菌能够分泌某些物质来杀死或抑制周围其他异种菌群，这些物质统称为细菌素。一般认为，细菌素可以是益生菌通过与其他菌种竞争释放的抑菌物质，也可以是其本身的代谢物质，还有可能两者皆有。有学者认为，细菌素是一种具有特异性的复合物，乳杆菌（*Lactobacillus*）细菌素所含的有效成分是有机酸、H_2O_2 及其所分泌的乳酸。这和研究陆地动物益生菌的细菌素时所得的结论相似。但是，其他相关研究也表明，细菌素并不局限于这些物质，铁载体、羊毛硫抗生素、生物表面活性剂甚至各种短肽（如肽聚糖、乳酸链球菌肽等）都是细菌素的成分[11]。

2）与病原菌竞争附着点或营养，抑制其他微生物的生长

在养殖水体或饲料中施用带有拮抗特性的有益微生物制剂，可以抑制或杀灭病原微生物，为养殖动物及植物提供良好的生存环境[12]。竞争抑制是微生态制剂重要的作用机制，在绝大部分水产动物体内，微生态制剂竞争性抑制病原菌的机理大致可分为营养抑制与占位抑制：①当饲料缺乏营养素时，有害菌与有益菌彼此相互抑制的重要方面是对有限营养素的竞争利用。益生菌通过更为有效地利用环境中有限的营养素，使病原菌缺乏营养，并使自身在竞争中取得胜利。②在益生菌全部的生物效应中，益生菌进入生物体内后发挥的第一个作用可能是与病原菌竞争附着点。通过对体内固定点位的竞争，益生菌的密度和数量增加，病原菌的密度和数量降低，最终起到防病害的作用。例如，在肠道内乳杆菌迅速生长，并与病原菌争夺吸附肠道上皮细胞黏附受体，同时也竞争营养成分，从而达到抑制病原菌生长的目的[13]。

3）参与生物夺氧，抑制需氧菌生长

水产动物肠道内的正常菌群，都是以厌氧菌为主。微生态制剂中孢子状态或其他活菌形式的菌种进入动物消化道后会生长繁殖，从而消耗肠道内的 O_2，使局部环境中的氧化还原电位下降，氧分子浓度降低，形成厌氧环境，这对专性厌氧菌的定植和生长有利；而兼性厌氧菌和需氧菌比例下降，肠道内正常微生物之间恢复平衡状态，从而达到治病目的[13]。

2. 防止动物体内有毒物质的积累

在受到某些刺激后动物机体会产生应激反应，此时会使肠道内的微生态失调，如果增加需氧菌，且使蛋白质分解产生氨、胺等有毒物质，则会导致动物表现出病理状态[14]。部分益生菌，如乳杆菌（*Lactobacillus*）、枯草芽孢杆菌（*Bacillus subtilis*）、链球菌等均可阻止合成毒性氨和胺。多数好氧菌产生的超氧化物歧化酶（superoxide dismutase，SOD），可以帮助动物去除氧自由基。部分有益微生物制剂中的益生菌（如 *Bacillus subtilis*），可在动物肠道内产生能分解硫化物的酶类及氨基氧化酶，以使粪便及血液中的吲哚、氨等有毒气体的含量下降[15]。

3. 提高动物机体免疫力

微生态制剂的作用机制对远离消化道的免疫系统也有影响。微生态制剂是一种良好的免疫激活剂，可以有效地提高巨噬细胞和干扰素的活性，且可以通过提高噬菌作用活性和促进 B 细胞产生抗体等提升动物机体的抗病能力和免疫力[16]。

有益微生物制剂也是一种非常好的饲料添加剂，可起到机体免疫激活剂的作用，也可刺激动物产生干扰素，提高巨噬细胞的活性和免疫球蛋白浓度，通过非特异性免疫调节因子等使机体免疫力增强。当动物口服益生菌后，其可调整肠道内菌群的构成，从而改善肠道内的微生态平衡，活化肠黏膜内的淋巴组织，增强免疫球蛋白 A（Immunoglobulin A，IgA）分泌，提高免疫识别能力，诱导巨噬细胞和 T 淋巴细胞、B 淋巴细胞等产生细胞因子，再通过淋巴细胞再循环，活化全身的免疫系统，以此增强机体免疫力[17]。

4. 净化水质，消除污染物

由于长期的养殖，养殖水体内会残留大量的粪便、残饵等有机污染物及大量腐烂的动植物尸体，这些有机污染物在细菌的作用下会分解产生大量有害于水产养殖动物的气体（如 NH_3、H_2S 等），危害养殖动物的生长和生存。在微生物的代谢过程中有益微生物制剂中的水质净化剂具有解磷、固氮、氨化、硝化、反硝化及气化等作用，能将上述物质分解为 SO_4^{2-}、NO_3^-、CO_2 等无毒物质，这些无毒物质能被水体中的微藻类利用，从而达到净化水质的目的。此外，有益微生物制剂还可间接增加水体溶解氧，这表现在两个方面：①通过降低化学需氧量增加溶解氧；②通过促进藻类生长和繁殖来增加放氧量。近几年，常用的水质净化剂有光合细菌（*Photosynthetic bacteria*）、枯草芽孢杆菌（*Bacillus subtilis*），其净化效果都较理想[17]。

5. 防治水生动物疾病

有益微生物不仅促生长，还可抑菌。据国外的部分研究，*Lactobacillus* 可以增强日本比目鱼和大菱鲆仔鱼对致病弧菌的抵抗力，以及日本鳗鱼对爱德华氏菌的抵抗力，由此可以提高它们的存活率。除此之外，对扇贝幼体、蟹幼体、普通鲑鱼的稚鱼、大西洋牡蛎施用不同饲用微生态添加剂时，大都可明显减少病菌，提高成活率[18]。

日本人工养殖的红鲤鱼、鲤鱼和鲫鱼等成鱼易患"穿孔病"，若将病鱼放入 *Photosynthetic*

bacteria（10^9CFU/mL）5 倍稀释液中药浴 5min，之后在 *Photosynthetic bacteria* 500 倍稀释液中放养 5～7d，可发现病鱼皮肤上的溃烂大多痊愈。在国内，将微生物作为饲料添加剂或水产菌种饵料用于防治疾病、抗逆研究的报道也较多[18]。

有益微生物通过分泌抑菌物质达到抑菌效果。例如，*Lactobacillus* 通过分泌 H_2O_2、细菌素、有机酸（包括乙酸、乳酸、丁酸、丙酸等）等物质，使得动物肠道内 pH 下降，从而抑制有害病原微生物的生长；其产生的 H_2O_2 可抑制病原菌的生长和繁殖，从而使有益微生物在与细菌的竞争中占据优势[19]。*Bacillus subtilis* 可产生氨基氧化酶、SOD、能分解 H_2S 的酶以及其他抗菌物质（如 H_2O_2），有杀菌作用，能减少动物肠道内有害物质的产生。

7.3.2　有益微生物与水产动物生长的关系

有益微生物制剂可促进水产养殖动物的生长，其原因大致有两个方面：①有益微生物制剂作为饲料添加剂，其菌体含有大量的营养物质（如维生素、矿物质和蛋白质等），可为养殖动物补充营养。其中 *Photosynthetic bacteria* 的粗蛋白含量高达 65%，并含泛酸、叶酸、生物素、类胡萝卜素、辅酶 Q 及多种微量元素等。②在发酵或代谢过程中部分有益微生物可提高动物体内消化酶的活性，同时产生促生长类的生理活性物质，以及各种酶类等，这有利于养殖动物对食物的吸收和消化，促进其发育和生长[20]。

2003～2005 年，杜宣等研究了 3 种有益微生物制剂对鲤鱼消化酶活性的影响及氨基酸组成[21]。结果表明，添加纳豆芽孢杆菌（*Bacillus natto*）(0.1%～0.5%)的试验组其鲤鱼肠道蛋白酶的活性显著提高，其中 0.1%及 0.2%的剂量均对鲤鱼肝胰脏的淀粉酶活性有显著提高作用，0.1%的剂量对鲤鱼肠道的淀粉酶活性有较显著提高作用。地衣芽孢杆菌（*Bacillus licheniformis*）对鱼类消化酶的影响与纳豆芽孢杆菌不尽相同，0.1%～0.5%的剂量对鲤鱼肠道淀粉酶和蛋白酶活性均有较为显著的提高作用，但对鱼类肝胰脏中消化酶活性的影响不大。相对于蛋白酶而言，*Bacillus licheniformis* 对鲤鱼肠道淀粉酶活性的提高更有效。在各试验组添加 0.1%～0.5%的复合有益微生物制剂可显著提高鲤鱼肝胰脏和肠道中淀粉酶和蛋白酶的活性，其效果好于单一菌种的有益微生物制剂。复合有益微生物制剂作为水产养殖用添加剂，应当根据不同食性的鱼类及饵料组成加以组配和选择，合理的添加量应为 0.1%～1.0%（表 7-2）。

表 7-2　不同有益微生物制剂的氨基酸含量

氨基酸名称	氨基酸含量（g/100g 干基）		
	枯草芽孢杆菌	纳豆芽孢杆菌	复合有益微生物制剂
天冬氨酸（Asp）	4.9	5.2	5.5
谷氨酸（Glu）	6.0	6.2	6.2
丝氨酸（Ser）	2.2	2.4	2.6
甘氨酸（Gly）	2.9	3.0	3.1
组氨酸（His）	1.0	1.2	1.4
精氨酸（Arg）	5.2	5.5	5.7

续表

氨基酸名称	氨基酸含量（g/100g 干基）		
	枯草芽孢杆菌	纳豆芽孢杆菌	复合有益微生物制剂
苏氨酸（Thr）	2.0	2.1	2.3
丙氨酸（Ala）	4.1	4.3	4.5
脯氨酸（Pro）	3.4	3.5	3.6
酪氨酸（Tyr）	2.1	2.4	2.5
缬氨酸（Val）	4.0	4.2	4.3
蛋氨酸（Met）	0.9	1.0	1.0
半胱氨酸（Cys）	0.3	0.4	0.4
异亮氨酸（Ile）	2.1	2.2	2.5
亮氨酸（Leu）	4.8	5.2	5.6
苯丙氨酸（Phe）	4.2	4.4	4.8
赖氨酸（Lys）	3.1	3.2	3.5
总含量	53.2	56.4	59.5

7.4　复合有益微生物制剂种类

为了使水产养殖水环境中的各种有毒有害物质均能得到一定程度的降解或消除，近几年，有益微生物复合制剂的应用越来越广泛，在此方面许多相关水产科技人员也展开了大量研究，且取得了较好结果。研制及应用复合有益微生物制剂的出发点是控制水产养殖系统中复杂多变的环境，通过高新技术手段利用微生物生产微生态制剂，快速且彻底地对养殖池塘中的有害物质进行降解，从而抑制真菌及藻类等的生长和繁殖，抑制致病微生物滋生或消灭致病菌，提升水产养殖动物的抗病能力，维持养殖水体的微生态平衡。为平衡水产动物体内的微生态环境和增加营养，加强机体的抗病性，可添加复合有益微生物制剂到渔用饲料中。这对于发展绿色水产品产业和无公害水产养殖业均有重大意义[22]。

7.4.1　微胶囊益生净水复合菌

微胶囊益生净水复合菌是把从自然界中分离出来的 *Photosynthetic bacteria*、*Bacillus subtilis*、*Lactobacillus*、*Nitrobacter*、*Denitrifying bacteria* 等多种有益菌株分别复壮、驯化，再通过固态或液态发酵培养加入保护剂，然后通过低温、真空、冷凝、干燥处理或者喷入固化剂制为微胶囊制剂，最终复配为一种微胶囊化菌的复合微生物菌[23]。

微胶囊益生净水复合菌可直接在水体中投放，微胶活菌和休眠活菌可利用水体中的富营养物（如动植物尸体、粪便、残饵等）迅速复苏及崩解，然后生长繁殖成为水体中的优势种群，此外还可分解蛋白酶及消除有机污染物。复合有益菌含有的 *Bacillus subtilis* 能将水体中的有机物经氨化作用分解成氨氮；氨氮在 *Nitrosomonas* 的作用下分解成 NO_2^-；NO_2^- 再经 *Nitrobacter* 的作用，转化成 NO_3^-；NO_3^- 可通过 *Denitrifying bacteria* 的作用转化成 N_2，随后释放到空气中，以此来抑制水体中的致病菌和有害藻类对 NO_3^- 的竞争利用。此外，水体中的 H_2S 和没有分解掉的氨氮、NO_2^-、CO_2 及小分子有机物等一些对水产动物有害的物质均可作为 *Photosynthetic bacteria* 的营养源，并最终合成菌体蛋白质，成为水体中养殖对象及浮游动物的适口饵料[23]。

7.4.2　益生菌

益生菌是一类有效微生物菌群，其主要成分有 *Photosynthetic bacteria*、*Lactobacillus*、放线菌、酵母菌及发酵性丝状真菌等。*Photosynthetic bacteria* 能与其他细菌产生协同作用，可提高 DO 浓度，降低 BOD，减少养殖水体中的有害物质，疏通养殖动物呼吸通道。

7.4.3　生力菌

生力菌是由于特定菌种可利用天然植物培养基，所以在特定菌种的培养基中利用天然草本植物提取物，经固态或液态发酵培养，然后通过添加特定的草本植物辅料和保护剂复配而成的活菌制剂，其含有多种益生物质。在养殖水体内施用生力菌后，休眠菌能很快复苏繁殖，然后迅速对水体中过量的有机污染物进行分解、转化并消除有害物质。此外，溶于水体的草本植物微粒和活菌制剂自身含有有益物质，可杀灭病毒因子和抑制水体致病菌的定植，而且还对水体生产力有显著提高作用。生力菌对养殖动物肠道内的微生态菌群平衡也有一定的调节作用，有利于养殖动物对饲料营养物质的消化、吸收及利用，能增强其食欲，促进其生长[23]。

7.4.4　生物抗菌肽

生物抗菌肽是主要由 *Bacillus natto* 和 *Lactobacillus* 组成的有益微生物制剂，其通过与有害菌群产生拮抗作用达到抑制有害菌生长及繁殖的目的。*Bacillus natto* 和 *Lactobacillus* 在动物肠道内繁殖时，可分泌大量抗菌肽和纤溶酶，这两种物质均能抑制动物肠道内沙门氏菌和大肠杆菌的生长，在作为水质改良剂施用时，能较有效地杀灭水体中的弧菌[24]。

7.5　有益微生物制剂的生产与应用管理

7.5.1　有益微生物制剂的生产

1. 有益微生物制剂通过繁殖起作用

要了解微生物产品使用多大量才起作用，就必须先了解其究竟是如何起效的。有益微生物制剂产品与化学、物理产品的最大区别是它是活体产品，它不仅在使用时需要达到一定浓度才起作用，更重要的是它需要通过繁殖达到一定量后才起作用。当养殖池塘中有机质浓度过高而导致水质恶化时，可加入适宜种类的有益微生物制剂，通过微生物的定植、繁殖来对水体中的有机质加以利用或分解，从而达到净化水质的效果，即有益微生物制剂是通过适宜微生物的繁殖来起效的。

2. 微生物的繁殖与起效时间的关系

一般而言，微生物每繁殖一代，其数量增加一倍。其繁殖的过程可分为适应、成长和对数生长几个阶段。在条件适宜的情况下，所有细菌繁殖一代的时间几乎都在几小时以内，大部分有益菌繁殖一代的时间在 1h 以内，而水产领域广泛使用的 *Bacillus licheniformis* 繁殖一代仅需几十分钟。所以，在水产养殖及生产中加倍使用有益微生物制剂的意义不大，只要合理使用有益微生物制剂，经过一段时间它便会有效。但应当注意的是，到了一个新的环境后，面对相对恶劣的环境，大部分微生物均有一个适应期，这个时期它们会同水中的原有物种竞争，即不会快速增长。因此，保证投放量能够使微生物进入对数生长期是决定有益微生物制剂具体用量的关键因素[25]。

7.5.2　有益微生物制剂的应用原则

1. 使用有益微生物制剂的预防原则

在水产养殖生产中，不管使用何种有益微生物制剂，仅当其所含的微生物成为优势种群后才可发挥作用。大量实践和研究表明，一般在施用 4～5d 后，有益微生物制剂才开始发挥作用，这段时间称为效应时间；在天气良好时可能 2～3d 就会起作用，但是一般在 7d 左右时效果最佳。所以，应用有益微生物制剂调节底质和水质，其本质是一种预防疾病的过程，必须要坚持"预防为主、防治结合"的原则。很多养殖生产者由于对有益微生物制剂作用的机理不了解，因此通常在水产养殖动物发病或患病高峰期才使用，而且还是将其当作药物使用，期望药到病除，这是不符合现实的。所以，在养殖生产过程中，最好全程使用有益微生物制剂，并控制好养殖池塘的水质，以降低养殖动物疾病发生率，从而达到较好的预防目的[25]。

2. 根据水产养殖动物病因使用有益微生物制剂

导致水产养殖动物发生疾病的原因有很多，所以并不是全部疾病均可通过施用有益微生物制剂来处理。在使用有益微生物制剂来预防动物疾病时，要先了解养殖动物每年发病的季节性规律及原因，再根据病害预测，科学地使用微生物制剂，达到预防疾病的目的。导致水产养殖动物发病的因素可概括为以下五类：①养殖环境因素。养殖环境突然发生变化，如 DO、pH、温度、透明度及饲料质量的变化等，均会使养殖动物发生疾病。使用有益微生物制剂治疗这类疾病一般是没有用的。②病原微生物因素。水产养殖动物自身就带有致病病原体，遭遇大量致病菌侵袭时其或会引发疾病。可施用有益微生物制剂事先预防这类疾病，抑制致病微生物的大量繁殖，让其达不到致病数量。③苗种种质因素。苗种体质弱、种质不纯、抗逆性差、适应环境的能力差或其自身就带有病毒等病原体，为细菌性疾病的感染和传播提供了条件。不能依靠使用有益微生物制剂消除这类因素引起的疾病，但可通过提高种苗质量来解决。④人为因素。例如，因技术操作不当而使养殖动物机体受到机械性损伤，或者因投喂量不足或饲料质量不高等导致动物长期处于饥饿状态，造成其生长不佳、营养不良，从而引发疾病。这类疾病也不能通过使用有益微生物制剂来解决。⑤发病形成因素。大多数水产养殖动物每年均有 1~2 个发病高峰期，只有在发病高峰期前适当使用有益微生物制剂，才可起到预防作用[25]。

3. 根据最佳作用时间使用有益微生物制剂

在养殖动物的不同生长阶段，应适量、适种、适时地使用有益微生态制剂，这样有益微生态制剂才可起到较好的作用。养殖动物的生长主要涉及以下五个阶段：①幼体开口摄食期。刚孵化出的幼鱼、幼虾、幼蟹等，在其开口期向其投喂有益微生态制剂，能改善其消化道微生态环境，促进其摄食，并增强其抗病能力。②快速生长期。当水产养殖动物处于快速生长期时，使用有益微生物制剂，可对养殖环境中的病原体滋生产生抑制作用，同时可促进养殖动物的生长，降低疾病的发生率。③食物结构调整期。当水产养殖动物的食性处于转换阶段时，使用有益微生物制剂，可使其安全度过食物转换期，从而避免疾病的发生。④疾病痊愈后的恢复期。当水产养殖动物发病且经过药物治疗后使用有益微生物制剂，可帮助其尽快恢复健康。⑤应激反应期。当水产养殖动物处于应激反应状态时，若温度等环境条件突然发生变化，则使用有益微生物制剂可帮助其安全度过这个时期，提高养殖成活率[26]。

4. 根据水质情况使用有益微生物制剂

根据水质情况使用有益微生物制剂时，主要参考以下三个因子：①透明度。表示养殖水质情况时一般采用透明度，在水产养殖生产过程中，透明度一般要求保持在 30~40cm。透明度过低，则水质较浑浊或过肥，此时应减少投喂，且立即使用有益微生物制剂，以改善水质环境，防止病原微生物的大量繁殖；水质较浑浊时，应更换部分水，或者使用沸石粉、腐殖酸钠、增氧剂等沉降悬浮物，然后施用有益微生物制剂来净化水质。②DO。DO浓度对水生动物的呼吸和生长有着直接影响，同时也是影响有益微生物使用的关键因素。许多有益微生物制剂在作用过程中会消耗一些 O_2，所以，有益微生物发挥正常作用的基本条件之一是保证 DO 充足。在水产养殖生产过程中，若 DO 偏低、水质较肥，则不宜直接使用有益微生物制剂，而应先施用增氧剂，次日再施用有益微生物制剂。③氨氮和 NO_2^-。养殖水体中的氨氮和 NO_2^- 是养殖代谢产物未完全硝化而产生的代谢中间产物。在养殖密度过大的淡水养殖池塘中经常会出现氨氮和 NO_2^- 含量过高的情况，从而影响养殖动物的正常生长。当出现这种情况时，可以先进行增氧，然后施用 *Nitrifying bacteria*、*Photosynthetic bacteria*、*Lactobacillus* 等有益微生物制剂[27]。

5. 根据不同微生物的特点搭配使用有益微生物制剂

不同种类有益微生物具有不同作用，不同有益微生物制剂所含有的微生物种类和数量不同，其功效也不同。所以，当使用有益微生物制剂来改善水质时，应根据不同微生物的作用特点和具体养殖水质情况进行搭配使用，从而起到作用互补的效果。例如，在南美白对虾养殖中后期，水质过肥时，可搭配使用 *Bacillus subtilis* 和 *Photosynthetic bacteria*，这样既能分解大分子有机物，又能吸收有机酸和无机营养盐，有效改善水质[23]。

7.5.3 有益微生物制剂的管理体制

部分专家学者指出，用药物防治疾病对于水产养殖动物而言仅为暂时性的手段，且存在食用水产品的安全性问题等，而生态防治才是解决这些问题的根本出路。所以，建议相关部门针对目前我国渔用有益微生物制剂生产和应用环节中存在的一系列问题，采取有效措施，加强管理，确保有益微生物制剂产业的健康发展。

1. 加强微生物制剂基础理论研究

加强以下方面的基础理论研究：渔用微生物制剂所含细菌功能特性的作用机制和规律；微生物制剂的作用规律变化及其影响因素；微生物制剂的环境毒性、慢性毒性、急性毒性；菌种的生物学特性（包括细菌生理反应、信号传导和生活史等）与生理代谢作用规律及分子生物学相关功能基因的蛋白质表达等[28]。

2. 加大投入力度，开展联合科研攻关

要加强优化养殖水域生态结构和微生物群作用特点等方面的研究，促使养殖活动向着良性循环方向发展，以取得更大的生态、社会和经济效益。长期合理使用有益微生物制剂必将会在养殖水域中形成有利于有益微生物菌群的生态优势，从而对养殖活动的健康良性循环发展起到促进作用。

随着微生物工程学、代谢工程学和分子生物学等相关学科的发展，在细胞水平上研究微生物之间的相互作用已成为可能，其在构建用特定微生物物种降解特定污染物的资料库方面有重要作用，这些资料可指导水产养殖者根据具体养殖水体和水域情况来选择适宜的微生物产品。所以，为了保证国内水产养殖业健康持续地发展，减少药物、化学试剂的使用量及残留在养殖水产品中的药物量，提升养殖水产品的质量和安全水平，国家和相关部门应加大对这一领域的科研投入，在配合企业产品开发的同时，加强基础理论方面的研究，深化学科建设。

3. 建立统一的质量标准，严格控制产品质量

目前，我国水产养殖过程中有益微生物制剂的使用量较大，且大都采用的是企业产品质量标准，而各地企业间的质量标准差异较大，甚至出现了产品质量与质量标准不符等问题，严重影响了实际使用效果。建议有关部门加强管理，制定不同产品的统一质量标准，并成立行业自律性组织，开展行业自律活动，以确保产品质量和应用效果。另外还要加强流通环节的质量检测和管理，通过严格的质量管理，防止恶性竞争。

4. 健全养殖底质和水质调节用投入品的管理机制

水产养殖有别于畜牧业养殖，其以水体为基本养殖环境，养殖水体质量直接关系到养殖生产的安全性及养殖产品的质量。作为环境改良和水质调节用的主要投入品（也称非药品），有益微生物制剂既不同于药物，也不同于化学试剂，所以，对有益微生物制剂的管理也应当与兽药有所区别，应尽快构建有针对性的管理机制（如市场准入制度、环境影响评价制度、注册登记制度等），以防有益微生物制剂被不合理地使用或滥用，从而避免其对水产养殖环境造成负面影响。

5. 建立菌种库和定期更换制度

有益微生物的变异性较大，也容易受到污染，易老化。目前都是各生产厂家自行保种和提纯，因技术要求较高，很难做到高度纯化，这对产品的质量有较大影响，国家应支持建立综合性的保种、提纯复壮中心，并建立生产厂家的定期更换菌种制度，以保证产品质量和应用效果。

6. 加强新剂型的研发，拓展产品类型

加强研究微生物制剂的新剂型，促进微生物固定化技术、微胶囊技术、真空冷冻干燥技术等同企业规模化生产能力的结合，提高微生物片剂、颗粒剂、粉剂、水剂等制剂的品质，增加产品中活菌数目，增强菌种对不良环境的耐受性，以延长产品保存时间；加强研究微生物工程菌，利用基因工程技术研发更易生产且具有特殊功能的微生物工程菌菌剂；对微生物制剂产品应用类型进行拓展，在加强饲用添加剂和水质微生物改良剂研究的基础上，开展对微生物有机与无机鱼肥及生物絮团等新型水产品的研发与应用，推动我国水产养殖中微生物制剂的进一步发展与应用[29]。

7. 确立测水施用技术

目前，水产养殖业中的有益微生物多为养殖水体施用，目的是调节水质，改善养殖水体的微生态环境。但每一种有益微生物都只针对某一类型的水体起作用，SO_4^{2-} 型、CO_3^{2-} 型、 NO_3^- 型等不同类型的水体施用同一种有益微生物的效果相差很大，不同施用时间、不同施用量、不同施用间隔时间、不同水温条件、不同施用方法等带来的施用效果也有较大差异，应针对不同的有益微生物产品，使用测水施用技术，以提升施用效果，降低养殖成本。

8. 建立健全市场监督管理机制

尽快建立与渔用微生态制剂相关的行业标准或国家标准，完善相关规章制度，明确相关职能部门权责，健全政府对企业微生态制剂等相关产品的审批制度。加大对渔药市场微生态制剂产品质量的监督力度，加强关于安全使用渔用微生态制剂的宣传、教育与相关专业人员的培训工作，在制度层面上使国内渔用微生态制剂的使用可控[30]。

参 考 文 献

[1] 周海瑛. 不同 C/N 比对好氧堆肥过程中 NH_3 挥发损失及含氮有机化合物转化的影响[D]. 兰州：甘肃农业大学，2019.

[2] 姜金忠，王玉群. 池塘养殖中氨氮的危害及其控制方法[J]. 科学养鱼，2006（10）：77.

[3] 郭悦. 浅谈影响水产养殖水质的主要因素及其调节方法[J]. 黑龙江水产，2017（6）：23-26.

[4] 杨远航. 大亚湾东升网箱养殖区真菌的时空分布及其与理化因子的关系[D]. 广州：暨南大学，2009.

[5] 陈福平. 浅谈水环境对鱼类养殖的影响[J]. 安徽农学通报（下半月刊），2010，16（16）：57.

[6] 刘小莉. 草鱼不同养殖模式池塘水环境和沉积物特征性氮磷垂直分布研究[D]. 青岛：中国海洋大学，2013.

[7] 罗亚芝，陈晓庆，谭洪新. 水产养殖水体循环利用过程中碱度的变化及调控[J]. 淡水渔业，2018，48（2）：100-106.

[8] 肖财宝. 淡水池塘无公害养殖水质管理内容与调控技术[J]. 渔业致富指南，2014，24：37-39.

[9] 李振. 无公害水产品生产技术[J]. 河北渔业，2004（2）：31-45.

[10] 王翔凌，杨先乐. 微生态制剂与水产动物健康养殖（上）[J]. 科学养鱼，2007（2）：80.

[11] 宣雄智，张勇，黄蕊. 微生态制剂在水产养殖业中的应用[J]. 安徽农学通报，2021，27（8）：98-100.

[12] 刘国仕. 微生态制剂对羔羊育肥和屠宰性能的影响[D]. 乌鲁木齐：新疆农业大学，2008.

[13] 孟思好，孟长明，陈昌福. 微生态系及微生态制剂的应用（一）[J]. 科学养鱼，2016（3）：88.

[14] 潘小红，陈国贤，徐学峰. 微生态制剂及其在水产健康养殖中的应用[J]. 齐鲁渔业，2008（2）：50-52.

[15] 朱文慧. 水产饲料安全与发展（下）[J]. 科学养鱼，2009（2）：84.

[16] 孟思好，孟长明，陈昌福. 微生态制剂概念及其在水产养殖中应用的一些问题（2）[J]. 渔业致富指南，2016（18）：66-67.

[17] 刘贵仁. 微生态制剂在水产养殖中的作用[J]. 黑龙江水产，2008（1）：23-42.

[18] 谢航. 水产养殖功能微生物的筛选与多菌种混合培养条件的研究[D]. 福州：福州大学，2005.

[19] 谢文艳，郭凤英. 动物微生态制剂在养殖业中的应用[J]. 中国动物保健，2009，11（7）：100-102.

[20] 柳方，蒋文兵. 浅谈水产养殖中的微生态制剂[J]. 养殖与饲料，2006（10）：45-47.

[21] 杜宣，周国勤，茆健强. 3 种微生态制剂的氨基酸组成及对鲤鱼消化酶活性的影响[J]. 云南农业大学学报，2006（3）：351-359.

[22] 王玉堂. 复合有益微生物制剂及其在水产养殖业的应用（一）[J]. 中国水产，2009（11）：49-52.

[23] 王玉堂. 复合有益微生物制剂及其在水产养殖业的应用（二）[J]. 中国水产，2009（12）：53-55.

[24] 张文魁，杨礼. 微生物制剂在池塘养殖中的应用[J]. 现代农业科技，2010（4）：330-333.

[25] 李旭东，李红岗，张玲宏. 有益微生态制剂在水产养殖中的应用探讨[J]. 河南水产，2010（1）：24-25.

[26] 杨莺莺. 有益微生物专题之二：水产养殖如何科学使用有益微生物制剂[J]. 中国水产，2008（10）：50-51.

[27] 王飞，李旭东，郭林英. 低洼盐碱地池塘健康养殖技术[M]. 郑州：中原农民出版社，2015.

[28] 李红顺. 渔用微生态制剂在应用中存在的问题及对策[J]. 渔业致富指南，2012（8）：22-24.

[29] 龚珞军，马达文，付国斌，等. 渔用微生态制剂研究、应用现状、存在问题及发展对策[C]. //中国水产学会. 2007 年中国水产学会学术年会暨水产微生态调控技术论坛论文摘要汇编. 北京：中国水产学会，2007：1.

[30] 刘景景，张静宜. 淡水鱼产销形势与效益分析[J]. 中国食物与营养，2016，22（5）：49-53.

第8章 工厂化循环水养殖病害及其防治技术

8.1 病 害 特 点

我国水产养殖病害防治面临许多问题，如疾病种类多、发病时间长等，这些问题对水产养殖有极其不利的影响。有关调查数据表明，我国几乎所有的水产养殖产品都涉及不同程度的病害。同时，有检测结果显示，水产养殖产品所遭受的病害其种类有近百种，而且呈现出逐年递增的趋势，可见水产养殖的病害防治工作迫在眉睫。此外，水产养殖病害发病区域范围广、发病时间长，甚至有向全年蔓延的趋势，这一复杂的发病特点增大了水产养殖的压力[1]。

1. 病害种类多样化

众所周知，水产养殖品品种丰富，且每个品种都会遭受相应的病害。目前，有研究者调查发现，我国水产养殖病害的主要来源包括病毒、细菌及寄生虫等多种类型。病害种类的多样化加重了水产养殖的病害防治工作。因此，首先要做好水产养殖的病害预防工作[2]。

2. 发病具有一定的复杂性

对于我国的水产养殖环境，在不同的养殖环境下水产养殖品种的发病情况有一定的差异性和复杂性。近年来，我国水产苗种流通日益频繁和扩大，不仅使病害的种类急剧增加，同时也提高了发病的可能性并使病害逐渐趋于复杂化[3]。

3. 疫病具有一定的爆发性

在水产养殖中，一些重大流行疾病时有发生，一旦出现重大流行疾病，很容易发生大面积感染，从而大大增加养殖动物的死亡率，这就是疫病的爆发性特点。以鲫鱼为例，如果在鱼群中检查发现出血病，致死率能逼近 90%；一旦白斑病在虾群中爆发，致死率同样会增加到80%～90%。这些爆发性病害对水产养殖产品造成的高致死率，必然会给养殖户带来严重的经济损失，同时也会阻碍我国水产养殖业的健康发展，所以为了促进我国水产养殖业的健康发展，开展水产养殖病害防治工作十分必要[4,5]。

4. 疫病具有一定的相互感染性

在水产养殖中，一旦出现病害便有很大概率造成交叉感染，并且会滋生新的病害。由于新的病害很难及时被识别，因而错过最佳治疗时间在所难免，这进一步带来严重的经济损失。

5. 病害无明显的季节性

由于工厂化养殖水温稳定,水产养殖动物的发病时间无明显的季节性,全年均可发病。

6. 病原菌耐药性增加, 病害消灭难度大

在水产养殖过程中,当遇到鱼类大量死亡的情况时,养殖户往往试图通过不断更换药物品种和加大药剂用量来快速遏止情况的进一步恶化,然而这种不断更换药物品种和加大药剂用量的方法不但不能对疾病的治疗起到很好的作用,反而会帮助病原菌和寄生虫以更好的方式存活下来。由于药剂并不能杀死全部病原菌或者寄生虫,那些存活下来的带有抗性基因的病原菌或者寄生虫经过不断的繁殖,将抗性基因传递给后代,从而大大增加了病原菌和寄生虫的耐药性。而且这种胡乱用药的方式,还可能引起病原菌和寄生虫的基因变异,产生新的致病生物。病原菌可能会从原来的单一病原菌变为多种病原菌并引起病害,这加大了消灭病害的难度。若药剂的用量和种类不断地增加,则易形成恶性循环,对环境造成严重的污染[6]。

不同的鱼类有不同的发病表现,但总体来说淡水养殖鱼类发病共性主要表现在行动和体色上。病鱼的普遍症状是:离群后缓慢游动;成团拥挤,并呈现出躁动不安症状;体色一般是黑色,也有些是白色。

8.2　发　病　原　因

8.2.1　真菌

真菌性疾病作为水产养殖常见病害之一,其发病原因大部分是水产养殖动物在外力影响下受伤且伤口感染真菌,患病表现是养殖动物躁动不安并且几乎不会进食。除了虾类的链壶菌病以及贝类的海壶菌病, 鱼类的水霉病也属于常见的真菌性疾病[7]。

8.2.2　细菌

水环境十分有利于细菌的繁衍,因此细菌性疾病是水产养殖中最为常见的一种病害。细菌性疾病普遍表现为患病动物没有食欲,独自游于水面,同时内脏膨胀并且表面皮肤呈现出褪色和斑块,甚至发生溃烂或鳞片脱落的现象。白皮病、肠炎、赤皮、烂鳃病等是鱼类中较为常见的细菌性疾病[7], 而虾类的细菌性疾病比较常见的有弧菌病、丝状细菌病等[1]。

8.2.3　寄生虫

水环境中的寄生虫多种多样,如微孢子虫、车轮虫、鱼虱、湖蛭等。在水环境中,一

些水产动物会因为自身体质弱和养殖方式等感染寄生虫疾病。一部分寄生虫在鱼体内通常会对宿主的组织器官造成挤压，引起脏器萎缩、坏死和生理机能丧失；攫取宿主的营养，影响宿主的生长发育甚至危害其生命；寄生在水生动物体内的寄生虫在宿主体内分泌排泄物，这些排泄物便是一些毒素的来源，由此危害到水生动物。寄生虫疾病的病理特征通常表现为食欲缺乏并且活力不足，在身体颜色变暗变黑的同时黏液增多并且喜出水面等。寄生于鱼体内的寄生虫主要有小瓜虫、叶盘虫等，而虾蟹类水产动物则容易寄生固着类纤毛虫等[2]。

另外，现在的渔药市场存在更新不及时的问题，一些水产养殖中用于治疗寄生虫疾病的药物已经较为落后，其病原体的耐药性已经大大提高。例如，0.7mg/L 的硫酸铜与硫酸亚铁合剂（5∶2）是用于治疗车轮虫等寄生虫疾病的药物，这种药物在 20 世纪 50 年代被广泛使用。刚开始使用时，治疗车轮虫疾病效果显著，随着车轮虫对其耐药性逐步增强，原来剂量的治疗效果大大减弱，但若提高施药剂量，则将损伤鱼类。除此之外，盲目使用药物会导致病原体、寄生虫的基因发生变异，衍生出新的致病菌，使得最初相对单一的病原体转变为多类病原体，导致病害加重，进而需要增加投放的药剂种类和剂量，形成恶性循环，对水产养殖产品造成巨大危害[3]。

8.2.4　病毒

病毒性疾病是水产养殖中一种危害非常大的病害，虽然病毒病原体微小，但是如果病原体在宿主细胞内复制，便难以用药物进行控制，一旦暴发疾病将会造成惨重的损失。引发疾病的病毒常见的有彩虹病毒、神经坏死病毒以及不明病毒等，这些病毒通过感染苗种或幼期水产动物影响其生长甚至造成死亡，并且病毒的感染传播能力和变异能力非常强。常见的病毒性疾病主要有虾类的白斑病以及鱼类的传染性胰腺坏死病、病毒性败血病等[8]。

鱼类病毒性疾病与鱼种和水温有关。鱼类病毒性疾病具有潜伏时间长短不一、病发症状复杂、传染性强、传播速度快、隔离和控制难度较大的特点，这些特点导致鱼类病毒性疾病难以用药物控制，所以此类疾病以预防为主[2]。

8.2.5　有毒有害物质

滥用药物，不但危害到水生动物生命健康，而且会使水中有机污染物降解不彻底，降解产物吸收不顺畅，水体内积累大量的有害产物，如 NO_2^-、H_2S、氨氮、CH_4 等。这些有毒有害产物在水产养殖环境中慢慢积累，养殖鱼类会因长期遭受有毒有害物质的危害而产生应激反应，一直处于亚健康状态，免疫力低下，非常容易染病患病。相关资料显示，在频繁使用药物后，水产养殖环境中可能残留的药物主要有抗生素类药物[如土霉素、氯霉素和呋喃类药物（呋喃唑酮、呋喃西林）]，喹诺酮类药物（盐酸环丙沙星）和磺胺类药物以及渔业生产上严禁使用的孔雀石绿和结晶紫等化合物[1]。

药物残留常常是引起鱼类发病的原因。例如，2006 年 10 月底，上海市食品药品监督管理局采集 30 份大菱鲆样品对禁用药、限量药、残留重金属等指标进行检测，结果发现这些大菱鲆样品全都含有硝基呋喃类代谢物，部分样品还被检测出孔雀石绿、恩诺沙星、环丙沙星、氯霉素、磺胺类、红霉素等多种禁用药残留[6]。

8.2.6　其他因素

人为因素也是引发淡水养殖鱼类各种疾病不可忽略的原因，如在拉网筛鱼、捕鱼以及鱼种、亲鱼运输过程中，往往会因为操作、管理粗放等给鱼体带来伤害。饵料的选择和投放、饲养密度、放养比例不当，也是导致鱼类发生疾病的重要原因。此外，水质恶化会使水中的营养物质达不到水生动物的生长要求，水体中的氧气稀薄，使病原体在缺氧条件下肆意繁衍，极易引起泛池、气泡病、畸形病和厚壳病等疾病[7]。

鱼病诊治人员业务素质和技术水平不足也是造成养殖鱼类易感染寄生虫病的一个原因。诊断时，对于微米级的寄生虫，如果使用倍数较小的物镜进行观察或者观察过程中出现不规范的操作，便不能正确鉴别病原体，从而引起漏诊、误诊，进而耽误对鱼体的最佳治疗时间。另外在养殖生产中，有不少养殖户和一些巡诊人员错将杀虫药物用作鱼病预防，这些不专业的操作都将给水产养殖产品带来各种病害。

另外，渔药研发的欠缺也是引发疾病的一个原因。例如，原来治疗一些寄生虫病（如小瓜虫病、车轮虫病等）疗效比较好的药品（如硝酸亚汞等），被列为禁药不准使用，但其替代药物治疗效果欠佳，或替代药物还需进一步研发完善。

8.3　工厂化养殖鱼类常见疾病

8.3.1　真菌性疾病

水霉病是由水霉菌引起的鱼体（主要是肤、鳃）和鱼卵真菌性疾病，水温在 15～30℃时最适宜水霉菌生长，且全年均可生长。在发病初始阶段，肉眼观察不到明显症状；在发病后期，鱼体表面的菌丝大量繁殖，并生长成成丝，吸附在鱼体表面，呈棉絮状，俗称"白球病"（图 8-1）。发生水霉病的主要原因是皮肤破溃造成的二次感染，因为拥挤、移动或其他不良环境因素的影响，鱼体皮肤表面组织受伤，水中的水霉病游动孢子便会

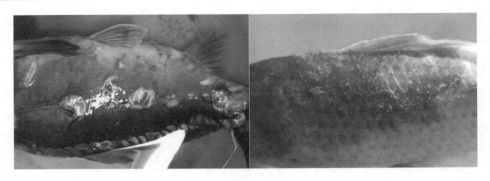

图 8-1　水霉病典型症状

趁机附着在坏死组织上并开始发芽形成菌丝，菌丝除寄生于坏死组织外，还可以向外延伸侵入附近的正常组织，分泌消化酵素分解邻近组织，进而贯穿表皮深入肌肉，使皮肤与肌肉坏死崩解[7]。

8.3.2　细菌性疾病

1. 细菌性烂鳃病

细菌性烂鳃病主要是由鱼害黏球菌引起的细菌性疾病，尤其是鱼的鳃部遭到机械性损伤后更容易被感染。烂鳃是鱼类疾病所共有的基础症状，因烂鳃病具有发病急、死鱼快、病死率很高的特点，故也称为"急性烂鳃病"。急性烂鳃病的前期症状表现为鱼不耐低氧，一般在阴天的白天漫游于水面，摄食较少，水质大多呈现出 pH 居高不下、NH_4^+ 超标和 NO_2^- 含量高的特征。捞起漫游的鱼，打开鳃盖用肉眼观察，鳃上有大量黏液，且挂有脏物，鳃色暗红发乌或呈棕褐色，具有烂鳃症状（图 8-2）。镜检结果显示，鳃充满了大量的孢子虫以及含有小配子的囊包。发病诱因多是寄生虫（如孢子虫）侵扰等造成的鱼鳃损伤，从而引起继发性细菌感染。

2. 体表溃疡病

患有体表溃疡病的鱼通常表现为食欲缺乏，反应迟钝，游泳无力，皮肤表面有大大小小的溃疡、溃烂面（图 8-3），鳍基部出血溃烂，有的病鱼股部膨大且内有腹水，肠道鼓出或几乎脱出肛外，肠壁薄且内充液体。通过解剖发现病鱼的肝脏呈发白或充血发红的状态，肠道无食，胆囊肥大，脾肾布满大量白点，肾脏肿胀鼓起。目前，已从患病动物体表及体内分离得到哈维氏弧菌、鱼肠道弧菌、副溶血性弧菌、溶藻弧菌、轮虫弧菌、创伤弧菌、鳗利斯顿氏菌等。多种病原菌可导致养殖鱼类体表出现溃疡。在体表溃疡病发病初期，病鱼背部会出现小面积白色斑点，随着病情的恶化，白色斑点面积逐渐扩大，并开始充血发红，后期则出现溃疡并导致鱼类死亡。牙鲆、大菱鲆、香鱼、许氏平鲉、石斑鱼、红鳍东方鲀、花鲈、大黄鱼、鲵鱼等均可感染此病。该病可发生于整个养殖过程中，即从苗种投放到出池鱼都可感染发病，尤其是在运输、倒池操作过程中或者在养殖密度过高的情况下非常容易造成鱼体相互之间擦伤，继而引发体表溃疡病的传播感染[7,8]。

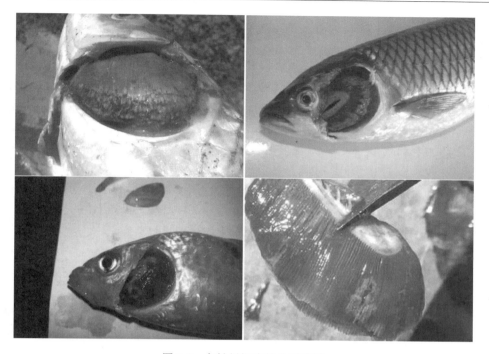

图 8-2　急性烂鳃病的典型症状

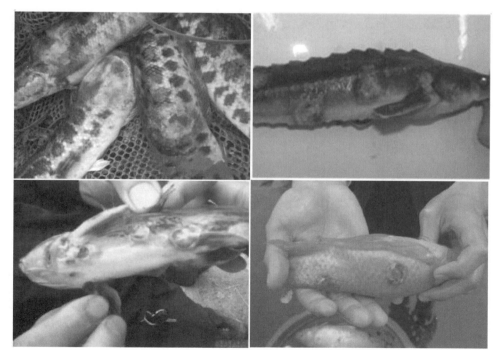

图 8-3　体表溃疡病的典型症状

3. 腹水病

腹水病是由鳗利斯顿氏菌或者海豚链球菌引起的鱼类疾病，尤其是鲆鲽类易感染此病。从外观上看病鱼腹部膨大，解剖发现病鱼肠胃或腹腔中堆积有大量无色或者淡黄色的液体，严重时整个腹腔由于大量积水而呈半透明状（图 8-4），鳃小片充血水肿，眼睛充血发红或浑浊发白，肠壁极薄，肠道内充满清亮的液体。同时还可观察到病鱼体内各个器官均发生较为严重的病理性变化，如肝脏发白或充血、脾脏萎缩等。养殖鱼类在各个生长阶段都可感染腹水病，该病具有发病率高、传播迅速、病情复杂的特点，但是会因鱼的规格不同而表现出不同的死亡率，对仔鱼、稚鱼和体长 10cm 以下的苗种可造成较高的死亡率。腹水病与投喂的饵料的品质有显著的相关性，养殖过程中可以通过加强生产管理和卫生操作，以及避免投喂出现品质问题的饵料来防止腹水病的发生[6]。

图 8-4　腹水病的典型症状

4. 爆发性疾病

爆发性疾病可能是由爱德华菌引起的细菌性败血症，由嗜麦芽寡养单胞菌引起的套肠病，或者是由大量纤毛虫寄生引起的烂鳃及头部、鱼体溃烂。这类疾病的症状通常表现为病鱼体表（特别是腹部和下颌）充血、出血或出现褪色斑；头部和躯体发生溃烂，一侧或两侧眼球突出，鳃丝黏液多且呈灰白色；腹部隆起，解剖后可发现腹腔内积有淡黄色或带血的液体，胃肠道黏膜有充血、出血的现象，肠道发生套叠甚至肠脱，肠腔内充满淡黄色或含血的黏液（图 8-5）。该病呈现出发病急、发病时间短、死亡率高、施用常规药物无治疗效果的特点，爆发时水温在 15～25℃。目前这种病用药控制效果不佳，且有越用药死鱼越多的现象[7]。

图 8-5　爆发性疾病的典型症状

5. 细菌性败血症

细菌性败血症是由嗜水气单胞菌和温和气单胞菌以及河弧菌引起的细菌性疾病，这些细菌在水温为 13～35℃时最适宜生长。细菌性败血症是鱼类中病理危害最大、传播流行最广、发病周期最长的疾病，也是涉及鱼类品种最多、死亡率最高的一种恶性疾病。水产养殖密度过大必然会导致出现水质恶化的现象，不健康的水环境会致使水中营养失调，鱼的免疫力下降，进而引发细菌性败血症，此外近亲繁殖也是导致鱼患此病的重要原因。细菌性败血症发病初期表现为病鱼的口腔、颌部、眼眶等部位轻度充血。随着病情恶化，充血逐渐加剧，随后出现鳃丝肿胀，鳃呈灰白色，末端腐烂；腹部膨大红肿，眼眶肌肉周围呈出血症状（图 8-6）[8]。

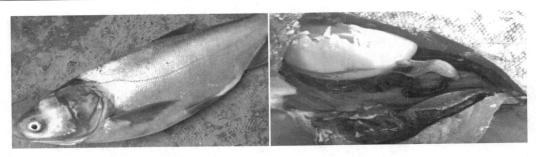

图 8-6　细菌性败血症的典型症状

6. 细菌性肠炎病

细菌性肠炎病主要是由肠型点状气单胞菌引发的细菌性疾病,该疾病是工厂化养殖鱼类较易感染的疾病之一。细菌性肠炎病的发病时间具有随机性,在水产养殖产品整个生长阶段都可能会出现该疾病。细菌性肠炎病在水温高于 18℃ 时极易流行传播,患有此疾病的鱼其症状表现为腹部膨大并伴有红斑、肛门红肿外突,如果按压腹部,会有黄色黏液流出。进一步解剖病鱼可以观察到肠壁充血发炎并呈紫红色或红色,甚至有内壁糜烂等现象(图 8-7)。水产养殖鱼类通常会因为饲料投喂不当或饲料品质不合格而感染细菌性肠炎病。人工养殖的半滑舌鳎、鲆鲽类、三文鱼在从仔鱼、稚鱼到成鱼的各个时期都可感染该病[6]。

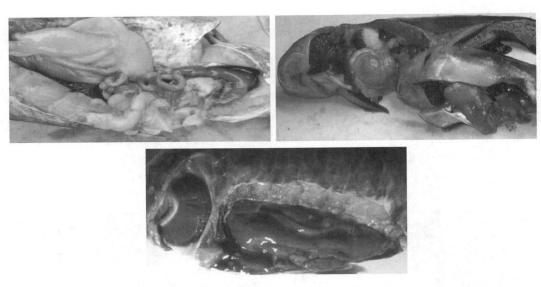

图 8-7　细菌性肠炎病的典型症状

7. 巴斯德氏菌病

巴斯德氏菌病(图 8-8)是由革兰氏阴性菌巴斯德氏菌引起的细菌性疾病。发病特征表现为病鱼反应迟缓,体色变黑,食欲缺乏,离群独自游动或静止于池底部,体表、鳍基、尾柄等部位有不同程度的充血、溃烂现象，严重时全身肌肉、眼睛充血，眼外膜突出下垂并内充液体。解剖鱼体可观察到肾、脾、肝、胰、心和肠系膜等组织器官上有较多近似于球形的小白点，肾脏呈黑色渣状且完全坏死的状态。一般温度在 25℃以上时很少发病，温度在 20℃以下时不发病。该病的发病率和死亡率都很高。此病通常发生在国内工厂化养殖的半滑舌鳎、豹纹鳃棘鲈、牙鲆、龙胆石斑鱼、大黄鱼、卵形鲳鲹等鱼类身上[6,7]。

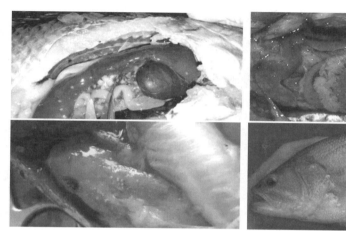
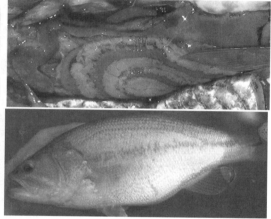

图 8-8　巴斯德氏菌病的典型症状

8.3.3　寄生虫疾病

寄生虫疾病在工厂化养殖鱼类中不普遍，国内还没有发现由寄生虫引起的病害。在鱼苗期如果循环水养殖系统未进入正常工作状态，会发生淀粉卵涡鞭虫（卵甲藻）寄生造成的打粉病。另外，鱼体表皮肤或鳍部出现溃疡后，坏死组织会遭受少量纤毛虫类原生动物的感染，但这些少量的感染还不足以造成大规模的寄生虫疾病[9]。

8.3.4　病毒性疾病

目前，工厂化养殖鱼类的病毒性疾病主要为病毒性出血病、虹彩病、淋巴囊肿病、病毒性神经坏死病等鱼类多发性疾病[9]。

1. 病毒性出血病

病毒性出血病是由水生呼肠孤病毒引起的病毒性疾病，该病在水温为 27℃以上时最容易感染传播，造成的危害比较严重。易患病毒性出血病的鱼种主要是体长 2.5～15.0cm 的草鱼鱼种和 1 龄青鱼，发病症状表现为多器官和不同部位（如头顶部、腔上下颌、眼眶周围等）有不同程度的点状或块状充血、出血现象，眼球突出，严重时鳃丝失血苍白（图 8-9）[8,9]。

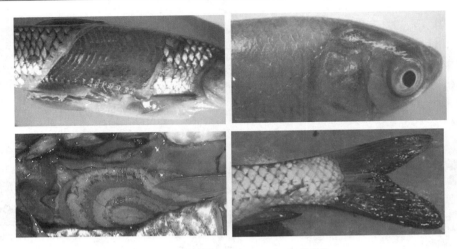

图 8-9　草鱼病毒性出血病的典型症状

2. 虹彩病

患有虹彩病的鱼外观并无明显症状，急性发病期鳃呈紫红出血状，慢性发病期呈贫血发白状，青斑虹彩病有个特征就是病鱼眼睛发青，部分病鱼有黑身爬底症状，活力差。该病在25℃以上水温时会感染传播。解剖鱼体可见一个最显著的症状就是脾脏肿大了 3～10 倍以上，呈紫黑色、乌黑色或朱红色，淤血呈泥状或肿大圆润、质地很脆，前肾肿大，肝脏有白

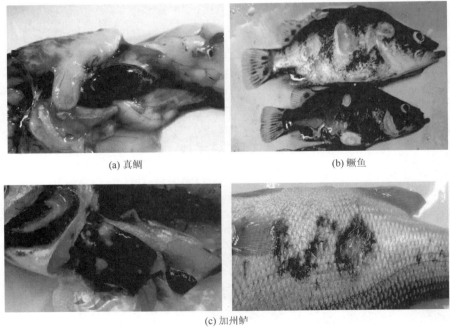

(a) 真鲷　　　　　　　　　　　　　　　(b) 鳜鱼

(c) 加州鲈

图 8-10　真鲷、鳜鱼、加州鲈虹彩病毒病的典型症状

斑等（图 8-10）。养殖鱼类中易患虹彩病的有大菱鲆、石斑鱼、大黄鱼、石首鱼等。虹彩病病毒病原体为肿大病毒属病毒，受灾鱼群主要是 3 月龄以上的鱼、商品鱼、真鲷幼鱼，感染此类病毒后死亡率可逼近 37.9%[9]。

3. 淋巴囊肿病

淋巴囊肿是一种慢性皮肤瘤，病原体为淋巴囊肿属的淋巴囊肿病毒。从外观上看，病鱼的皮肤、鳍和尾部等处有较多水泡状囊肿物。囊肿物通常为白色、淡灰色、灰黄色或出血的微红色，较大的囊肿物上有肉眼可见的红色小血管；除了在鱼体表会发现囊肿外，有研究者在解剖病鱼时发现在鳃丝、咽喉、肌肉、肠壁、肠系膜、围心膜、腹膜、肝、脾等组织器官上也有囊肿出现，严重时囊肿甚至遍及全身（图 8-11）。患有淋巴囊肿病的鱼发病时进食无异样，但生长缓慢；严重时几乎不进食，甚至部分直接死亡。资料显示，淋巴囊肿病毒可感染鲈形目、鲽形目、鲍形目中 125 种以上的野生和养殖鱼类，且病害主要发生在海水鱼类身上。淋巴囊肿病发病无固定周期，在水温为 10～20℃时最易传染。在低密度的良好养殖条件下其感染和死亡率低，但在高密度的工厂化养殖中其感染率可高达 90%以上，如果养殖环境差或存在并发性细菌感染，则会引发严重疾病甚至造成鱼类死亡[9]。

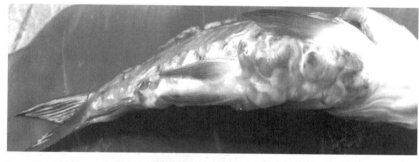

图 8-11　鲤鱼淋巴囊肿病的典型症状

4. 病毒性神经坏死病

病毒性神经坏死病是由诺达病毒引起的病毒性疾病。该病毒广泛分布于除美洲和非洲外的世界其他地区的海水鱼苗，且在 25～28℃时极易感染鱼苗，感染对象多为仔鱼、稚鱼，就目前的统计数据看，该病至少出现在 11 科 22 种鱼上。患病毒性神经坏死病的鱼主要表现为不同程度的神经异常，食欲缺乏，腹部向上在水面作水平旋转或上下翻转，呈痉挛状。对病鱼进行解剖可观察到鳔明显膨胀，视网膜中心层出现空泡。易被感染的鱼类有牙鲆、大菱鲆、红鳍东方鲀、尖吻鲈、齿舌鲈、石斑鱼、鲽鱼、黄带拟鲹、条石鲷等[6,9]。

8.3.5　其他疾病

　　气泡病，在鱼类各个生长阶段均可发生，但在鱼苗培育阶段最为常见，是对鱼苗危害最大的一种非病原性病害。鱼苗患上气泡病后，症状非常明显，鱼苗时而漂浮于水面，时而疯狂游动、失去平衡，若不及时采取应对措施，可能会造成大批鱼苗死亡。患上气泡病的鱼苗，通过镜检可观察到体表外和体内肠道、体腔、鳃丝等都有形状大小不规则的气泡或气柱（图 8-12）。成鱼对气泡病有一定抵御和调节能力，所以成鱼即使患上气泡病也不会有明显症状。如果气体过饱和的水环境一直得不到改善，甚至过饱和的程度越来越严重，则患有气泡病的成鱼其体内外的气泡或气柱一旦恶化，就会出现组织损伤，这不仅会造成鱼体的生理功能紊乱，更易导致寄生虫的大量寄生或继发性细菌感染，引发不同程度的烂鳃病症[1,9]。

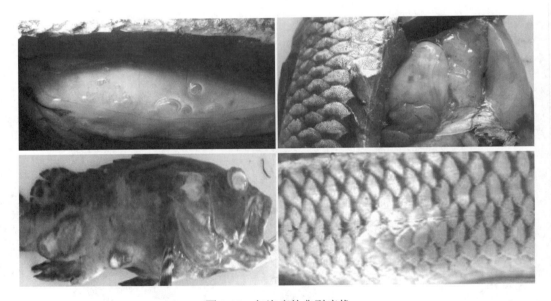

图 8-12　气泡病的典型症状

　　在水产养殖过程中，机械化操作不规范会导致养殖的水产品出现掉鳞、断鳍、擦伤等外伤性疾病。这样就给细菌侵入鱼体创造了便利条件，导致鱼类感染水霉病和细菌性疾病等[1,2]。
　　如果在饵料的选择和投放上存在问题（如购买的饵料与养殖鱼类品种不匹配、饵料品质低下、投喂量无法满足水产品的生长需求等），则易造成水产品因营养不良而患上跑马病、萎瘪病、软壳病等疾病。

8.4　工厂化虾类养殖常见疾病

虾的主要病毒性疾病有白斑病、传染性皮下和造血器官坏死病（infectious hypodermal and hematopoietic necrosis disease，IHHN）、肝胰脏细小病毒（hepatopancreatic parvo-like virus，HPV）病、陶拉综合征病毒（Taura syndrome virus，TSV）、红腿病（由嗜水气单胞菌、副溶血性弧菌等细菌引起）。其他疾病还有鳃类细菌病、烂眼病、烂尾病、褐斑病等；由真菌引起的镰刀菌病、幼体真菌病（链壶菌、离壶菌）；由寄生虫引起的固着类纤毛虫病、肝肠孢子虫病。

8.4.1　白斑病

白斑病是由白斑症病毒（white spot syndrome virus，WSSV）引起的病毒性疾病。病害症状通常表现为虾停止进食，行动迟钝，弹跳无力，眼球暗淡无光泽，独自浮游于水面或伏于池边水底不动，继而死亡。典型的病虾在其头胸甲内侧有非常清晰的白点，同时头胸甲与其下方的组织分离，容易剥下。通过镜检可明显观察到白点，呈花朵状，外围透明，花纹清晰，而患细菌性白斑病的虾其头胸甲的白点在显微镜下外观呈较规整的圆形，中间透明。患有白斑病的虾血淋巴发红混浊，淋巴器官和肝胰脏肿大，鳃、皮下组织、胃、心脏等组织器官均出现不同程度的病变（图 8-13）。对虾白斑病是在我国乃至东南亚对虾养殖地区普遍发生的一种危害极大的急性流行病，可感染多种十足目甲壳动物、轮虫、藤壶等，幼体期死亡率低，养成期死亡率高。主要死亡原因为温度、盐度等突变及运输造成对虾产生应激反应，发病水温一般为 18～30℃。白斑病暴发性强，感染死亡率高，通常虾池暴发疾病后 2～3d（最多不超过一周）可导致全池的虾死亡。病虾小则体长 2cm，大则体长 7～8cm 以上[6]。

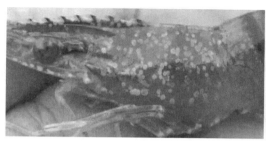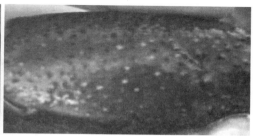

图 8-13　白斑病的典型症状

8.4.2　传染性皮下和造血器官坏死病

传染性皮下和造血器官坏死病是由单链 DNA 的细小核糖核酸病毒引起的病毒性疾

病，病毒颗粒直径约 20nm，是目前已知的颗粒最小的一种对虾病毒。急性感染的蓝对虾，最初的症状体现在游泳状态上，即一会儿停止不动或漫游于水面，一会儿腹部翻转向上并沉于水底，不食不动，重复上浮和下沉动作，4～12h 死亡。亚急性病虾的甲壳泛白或有浅黄色斑点，肌肉白浊，失去透明性，病虾通常在蜕皮期间或刚蜕皮后死亡。幸存的虾，恢复得很慢，静躺于池底，在疫情过去后几个星期内都不能恢复到正常进食和生长状态，免疫力仍然很低，甲壳柔软，在皮肤表面、鳃和附肢上的皮下组织中有许多黑点，不能正常蜕皮，在体表和鳃上往往附着聚缩虫、丝状细菌或硅藻等污物。南美白对虾感染后的主要症状为对虾矮小畸形，矮小率和畸形率为 30%～90%，生长缓慢，额角弯向一侧，第六腹节及尾扇变形或小于正常尺寸，虾体表面粗糙或变形（图 8-14）。病虾处于恢复期时，角皮下层、结缔组织和鳃中有许多黑点，包涵体存在但不普遍，在鳃和心脏等器官的吞噬细胞中有大的细胞质内包涵体。2g 以下的稚虾在发病后 14～21d 的死亡率达到了 90% 以上[9]。

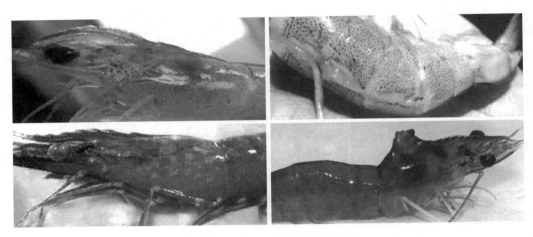

图 8-14　南美白对虾虾身畸形症状

8.4.3　肝胰脏细小病毒病

肝胰脏细小病毒（HPV）病是由一种直径为 22～24nm 的球状病毒引起的病毒性疾病，主要侵犯虾的肝胰脏及中肠。早期发病的虾，可见肝胰脏及中肠肿大变红，后萎缩硬化。后期如果发生细菌综合性感染，肝胰脏会糜烂。患病后虾摄食量减少，营养不良导致生长缓慢，虾体消瘦、柔软（图 8-15）。肝胰脏细小病毒病对幼虾危害较大，往往在 3～5d 能够造成幼虾大量死亡，可以感染中国对虾、墨吉对虾、印度对虾、斑节对虾和短沟对虾等[3,9]。

8.4.4　陶拉综合征病毒病

陶拉综合征病毒（TSV）病，顾名思义是由陶拉病毒引起。绝大部分病虾表现为红须、红尾、茶红色的体表（图 8-16）。病虾食欲缺乏，部分虾壳与肌肉分离，病虾缓慢浮游于水面，离水后不久死亡。病虾虾池耗氧量大，虾易出现缺氧症状。虾发病后病程极短，从发现病虾到病虾拒食的时间仅仅 4～6d，通常在 10d 左右症状有所减缓，此时病虾进入慢性死亡阶段。一般幼虾容易发生急性感染，其死亡率高达 60%；而成虾则易发生慢性感染，其死亡率在 40%左右[2]。

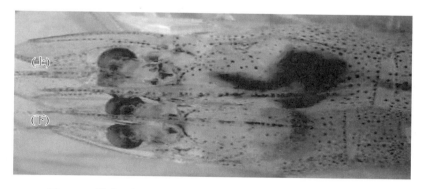

图 8-15　健康对虾（上）、患肝胰脏细小病毒病对虾（下）对比

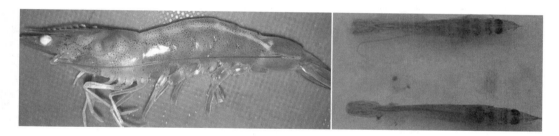

图 8-16　陶拉综合征病毒病的典型症状

8.4.5　红腿病

红腿病是由副溶血性弧菌、溶藻弧菌、鳗弧菌所引起，也称为细菌性红体病。病虾典型症状表现为附肢、游泳足甚至全身变红，头胸甲的鳃区呈黄色（图 8-17），缓慢游动于墙边，食欲缺乏。红腿病的流行范围广、感染对象广，发病率和死亡率均可达 80%以上[1]。

8.4.6　鳃类细菌病

鳃类细菌病（烂鳃、黄鳃、黑鳃）通常由弧菌或其他杆菌感染引起。病虾鳃丝呈灰色、肿胀、变脆，然后从尖端基部溃烂。溃烂坏死的部分发生皱缩或脱落，溃烂组织与未溃烂组织的交界处形成黑褐色的分界线（图 8-18）。病虾漫游于水面，反应迟钝，厌食，继而死亡，特别是在池水中溶解氧不足时，病虾死亡速度极快[1,2]。

图 8-17　红腿病的典型症状

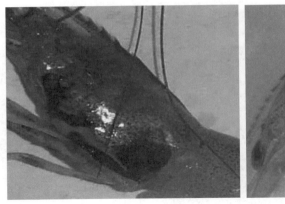

图 8-18　鳃类细菌病的典型症状

8.4.7　烂眼病

烂眼病由霍乱弧菌感染引起。病虾全身肌肉变白，不透明，常潜伏不动；眼球肿胀，颜色由黑色变成褐色，严重时眼球溃烂脱落，只剩下眼柄。对虾常被感染，感染率一般在 30%～50%。散发性死亡，死亡率不高，但是严重影响生长，病虾比同期健康的虾明显小许多[8]。

8.4.8　烂尾病

烂尾病由几丁质分解细菌及其他细菌感染引起。该病类似于褐斑病，养殖环境是最大的影响因素（如养殖密度过高、水质不良、用药过量、底质老化等），虾在碰撞或蜕壳时因尾部受伤而遭受几丁质分解细菌及其他细菌的二次感染,尾部呈现出黑斑及红肿溃烂和尾扇破裂、断裂症状（图 8-19）[8]。

图 8-19　烂尾病的典型症状

8.4.9　褐斑病

褐斑病又称为甲壳溃疡病,是由弧菌属、气单胞菌属、螺旋菌属和黄杆菌属的细菌寄生感染引起。病虾体表甲壳和附肢上有黑褐色或黑色斑点状溃疡,斑点的边缘呈白色,中央色深凹陷（图 8-20）；病情加重时迅速扩大成黑斑,然后虾陆续死亡。对虾越冬期为褐斑病流行期,我国对虾越冬期的感染率和积累死亡率均高达 70%[9]。

图 8-20　褐斑病的典型症状

8.4.10　镰刀菌病

镰刀菌病（图 8-21）的病原为镰刀菌,其菌丝呈分支状,有分隔,生殖方法是形成大分子孢子、小分子孢子和厚膜孢子。大分子孢子呈镰刀形,故称为镰刀菌,有 1～7 个横隔。镰刀菌是一种对虾、蟹类危害很大的条件致病性真菌。镰刀菌寄生在宿主鳃、头胸甲、附肢、体壁和眼球等处的组织内,其主要症状是造成寄生处的组织产生黑色素沉淀,以及真菌毒素,使宿主中毒[2,3]。

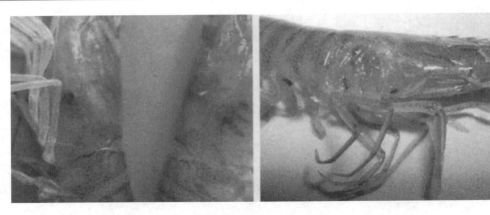

图 8-21　镰刀菌病的典型症状

8.4.11　幼体真菌病

幼体真菌病（图 8-22）通常出现在对虾育苗过程中，主要由链壶菌和离壶菌两种真菌引起。该病传染性极强，一旦幼体感染了病害，在 48h 内可造成 90%的死亡率。受到感染时，真菌的游动孢子先在卵膜或幼体表面附着形成孢囊，孢子长出菌丝并穿透囊壳，进入卵子或幼体[7]。

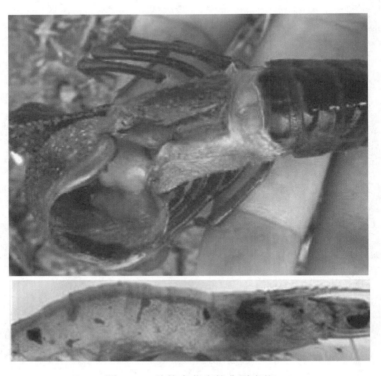

图 8-22　幼体真菌病的典型症状

8.4.12　固着类纤毛虫病

固着类纤毛虫病是由钟形虫、聚缩虫、单缩虫和累枝虫等引起的寄生虫疾病。发病症状表现为对虾的体表、附肢和鳃丝形成一层灰黑色绒毛状物（图 8-23），或鳃部变黑，呼吸、蜕皮困难。患此病的对虾早晨浮于水面，反应迟钝，几乎不进食，生长停滞。底部腐殖质多，且老化的虾池易发生此病[7]。

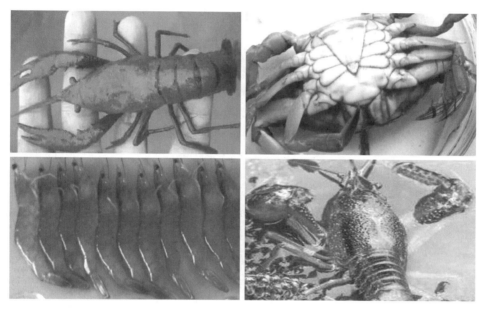

图 8-23　固着类纤毛虫病的典型症状

8.4.13　肝肠孢子虫病

肝肠孢子虫病（图 8-24）也称为肠孢虫病、肠上皮细胞微孢子虫病，患有该病的对虾生长停滞，有时会出现白便，肝胰脏萎缩，虾壳较软，但这些不影响其摄食及存活率。该病感染期长，仔虾到养成期均可感染[2]。

图 8-24　肝肠孢子虫病的典型症状

8.5　工厂化养殖的病害防治

8.5.1　提早预防

1. 保持良好的水质环境

采用高密度集约式工厂化养殖时，病害防治应以预防为主，通过保持良好的养殖环境与水质、投喂新鲜饵料、定期检查、及时将病鱼隔离等基本措施以及规范的运输、卫生管理和精细化的操作，提高鱼体体质，达到防病抗病的目的。

应当充分认识和理解水中菌类所起的作用，充分发挥其作用，不能频繁施用水体灭菌消毒剂，加药时必须充分考虑药物种类和剂量引起的水质环境变化对鱼体的影响程度，尽可能降低对鱼体的不利影响，不能盲目向水体泼洒抗生素、杀虫剂等药物。充分利用水体资源，促进生态系统物质循环与生物链之间良性循环和平衡，注重维护和提高水体生态系统的自净能力，改善水质环境，减少条件性致病菌感染致病的机会。

在实际生产中，鱼类遭受的病害主要是由环境恶化造成的，因此，只要注重环境的改善，该类情况就会有所缓解，否则鱼类会出现由病原体主导造成的病状，此时如果泼洒灭菌杀虫剂等药物，只会使情况更糟糕。同时，应充分认识到微生物的自身合成及其分解有机物的矿化作用和同化作用，因为水体中残饵、鱼虾粪便会衍生出大量的微生物，如果没有认识到这一点，生产中水质管理就会矛盾频出。

同时，日常管理中经常巡视检查水循环系统、水质在线监测系统是否正常工作，定期检测水体中的氨氮含量、NO_2^-含量、NO_3^-含量、微生物总量等是否在正常范围内，监测水体中致病性微生物的数量，进行病害监控与预警。观察池中鱼的生理状态变化，及时将病鱼隔离饲养，采取有效的消毒措施，降低养殖密度，使用免疫增强剂增强鱼的体质，减少鱼体应激反应，倒池时尽量避免鱼体受伤，保持池水具有相对稳定的盐度和水温，减少水产品因适应环境而消耗的能量。

2. 保持合理的放养密度

工厂化水产动物养殖密度较高，高密度养殖往往会使水产动物长时间处于一种环境胁迫的状态，导致其抗病能力下降，同时也会加快疾病的传播。以工厂化养殖罗非鱼为例，尾重40g左右的罗非鱼，每平方米放养330～550尾。随着养殖时间和鱼体的增长，要适时进行分池以降低养殖密度。倒池过程中需小心操作，避免鱼体因机械性损伤而受到病原体的继发性感染，倒池操作前后要选择合适的消毒工艺进行消毒处理[8]。

3. 切断病原体的来源途径

不新鲜的鲜活饵料如冰鲜杂鱼、牡蛎、沙蚕等往往携带大量的病原体，养殖动物摄食后容易引起疾病的暴发和流行。因此，对鲜活饵料进行必要的检测和消毒是预防疾病的重要举措。除了对饵料的把控，对水源、工具、养殖人员、车间进行定期消毒也是避免疾病发生和流行的必要措施。要选择正确的消毒处理工艺，谨慎选择消毒药物，防止因滥用药物而造成更大的损失。

4. 建立病害风险评估体系

从我国的水产养殖现状可以看出，我国对于水产养殖动物病害存在过于注重治疗而忽略预防的问题，再加上养殖人员的思想观念陈旧，从而大大增加了病害发生的可能性，所以当病害发生时，无法在第一时间给予正确治疗。这大大降低了水产品的整体质量，也给养殖户带来了严重的经济损失。所以，建立病害风险评估体系尤为重要，必须给予高度重视[9]。

8.5.2　苗种检疫

由于水产养殖业的迅速发展，各个地区间苗种及亲本的交流愈加频繁，对国外养殖种类的引进和移植也不断增加，如果没有严格的疫病检测，极有可能会造成病原体的传播和扩散，进而引起疾病的暴发。因此，必须购买检疫合格并取得《动物检疫合格证明》的苗种[9]。

8.5.3　药物防治

药物防治主要是依靠化学药物的防治，其主要目标是防病、治病，具有操作简单、使用方便、药物来源广泛、疗效明显等特点，往往对症用药就能达到预期的防治效果。利用药物饲料控制细菌或支原体等，可减轻或推迟甚至避免白斑病的暴发。例如，在发病的早、中、晚期各用 1 个疗程的恩诺沙星（0.05%～0.08%）药饵或罗红霉素（0.01%～0.05%）药饵等，其中 1 个疗程 3～5d，治疗时用量可加倍[1]。

然而，化学药物的使用是建立在正确诊断、对症下药、合理用药的前提下，一旦未能对症下药，后果会更加严重。养殖过程中，需随时观察养殖个体是否出现异常，及时对异常的个体进行诊断以确定病因，并在综合考虑疾病的种类、病症轻重、病灶部位、水质环境等因素后制定最佳的治疗和用药方案，切忌无病用药、胡乱用药和加量用药，以免耽误治疗时间和造成药害。

8.5.4　疫苗防治

水产动物疫苗被认为是控制水产养殖动物疾病安全有效的手段。长期以来，人们对水生动物疾病的防治总结出不少经验，并越来越重视使用抗生素等药物所带来的安全性问题。为了满足消费者对绿色水产品的需求，同时保护水产养殖环境以达到水产养殖业健康和可持续发展的目的，研究人员积极地开展了水产动物疫苗的研制工作，研制出的水产动物疫苗在提高水产动物特异性免疫水平的同时能增强机体抵抗不良应激反应的能力，且符合对环境无污染、水产品无药物残留的理念，已成为当今世界水生动物疾病防治领域研究与开发的主流产品。在我国，水产动物疫苗的研制是一个新兴产业，面临的问题依然有很多，但是，充分利用水产动物免疫防御系统机能，开发出高效、实用及多样化的水产动物疫苗，是今后有效实施水产养殖动物病害防治的必经之路[2]。

8.5.5　工厂化水产养殖防控理念

防控的基本原理是：优化生态环境，保证满足水产品营养需求，增强水产品体质及抗病能力；不滥用、不多用药物；杜绝或减少水产品和水环境中病原体的数量，切断病原体来源途径；控制细菌或支原体等的并发性感染，使用无特定病原体（specific pathogen free，SPF）水产动物是首要条件。

1. 树立科学的病害防控理念

充分认识病害发生的潜在原因与途径，建立"以防为主、防治结合"的病害防控应对措施。通过不断学习和多方面交流，在病害防控中做到"辨证施治，对症下药"。

2. 树立健康的病害防控理念

科学应用生态的方法防控病害的发生，做到杜绝滥用药物或科学地少量使用低毒高效的药物，生产无公害的水产品；认真学习有关文件规定，不使用国家明文规定的禁用药物，避免仅凭经验盲目用药。

3. 树立可持续发展的病害防控理念

有效解决"养殖与生态和谐"的核心问题，建立排放水净化设施，实施养殖全过程的封闭式管理，养殖排放水经沉淀净化后再进行循环使用，以提高水资源的利用效率，同时使水源区域的生态环境得以休养生息。

参 考 文 献

[1] 姜守松，王玉广. 水产养殖的病害防治技术探析[J]. 农民致富之友，2018（21）：120.

[2] 屠庆福. 水产养殖病害发生的特点与防治策略[J]. 江西农业，2020（12）：101，107.

[3] 吴淑勤，王亚军. 我国水产养殖病害控制技术现状与发展趋势[J]. 中国水产，2010（8）：9-10.

[4] 郭悦. 北方地区水产养殖鱼类常见病害及药害的主要因素分析[J]. 黑龙江水产，2018（1）：40-42.

[5] 王世丰. 加强渔业环境保护 促进渔业可持续发展——玉山县水产养殖病害状况分析及对策[J]. 江西农业，2013（3）：44-45.

[6] 林钢岭. 水产养殖病害流行特点及综合防治措施[J]. 农民致富之友，2019（5）：157.

[7] 刘鹏. 水产养殖病害及防治措施分析[J]. 农家参谋，2019（2）：123.

[8] 夏玉秀，宋丽芬，于丽. 现代水产养殖的常见病害和防治策略分析[J]. 农业开发与装备，2019（2）：237-238.

[9] 丁恒平，陈美. 淡水养殖鱼类常见疾病及防治方法[J]. 乡村科技，2018（1）：82.

第 9 章　生物絮团技术的调控方法及应用

9.1　生物絮团技术概述

9.1.1　生物絮团技术产生的背景

传统水产养殖模式是指直接在养殖水域中投放高蛋白质含量的饲料、抗生素、消毒剂等来使鱼类快速生长，从而实现普遍喂养的方法。这种养殖模式虽然看似简单快捷，但是存在很多缺点。例如，反复投放的药剂会导致水质快速恶化，影响鱼类的生长；养殖残饵、粪便、动物尸体等物质的多年积累，也会使水体富营养化，降低水产品的品质[1]。

生物絮团技术（biofloc technology，BFT）主要指向水中投放碳源，通过调节水体中的碳氮比使得大量异养微生物凝结成直径为几微米到几千微米的生物絮团（图 9-1 和图 9-2），达到优化水质的目的[1]。

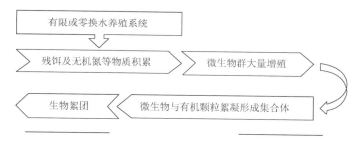

图 9-1　生物絮团形成过程

图 9-2　生物絮团技术的应用实例

9.1.2 生物絮团的组成

生物絮团是由水体中的有机物和无机物、浮游动植物以及原生动物等通过微生物的絮凝作用，将有一定功能的细菌融合到一起，形成的絮状具有活性的生物絮凝物。生物絮团有一个重要的核心，一般为菌胶团，其周围包裹附生异养细菌、浮游藻类、原生动物以及胞外产物等（图 9-3）。生物絮团形状不一，多空隙，密度较小，因而能悬浮于搅动的水体中，其直径从几微米到几百微米甚至数千微米，比表面积为 20～100cm^2/mL，颗粒密度为 1070～4310mg/mL。生物絮团内活的生物体占 10%～90%，因而具有自我更新繁殖的能力。从分离得到的生物絮团中可观察到较多原生浮游动物，如轮虫、枝角类等。生物絮团的化学成分复杂，主要由细菌胞外聚合物组成，其可占絮团总质量的 80%。获得的生物絮团干物质中，粗蛋白含量占 40%～55%，粗纤维含量占 2.2%～2.5%，脂肪含量占 0.6%～4%，灰分占 3%～7%。在养殖实践中，可用生物絮团沉降体积（biofloc volume，BFV）、挥发性悬浮颗粒物（volatile suspended solid，VSS）和总悬浮颗粒物（total suspended substance，TSS）等参数反映生物絮团密度；可用化学需氧量（COD）和生化需氧量（BOD）等参数反映生物絮团微生物活性[2]。

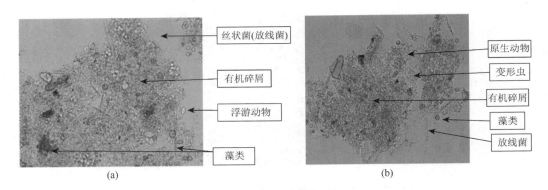

图 9-3　生物絮团示意图

9.1.3 生物絮团技术的发展历程

据报道，生物絮团技术的概念最早是由法国太平洋中心海洋开发研究所在 20 世纪 70 年代提出的，该技术用于斑节对虾、墨吉对虾、凡纳滨对虾和南美白对虾的养殖研究。1980 年，法国太平洋中心海洋开发研究所又启动了法国国家科技项目以支持生物絮团技术研发，并在此项目的支持下开展了多项研究，试图探究养殖系统中生物絮团及其各组成成分的相互作用关系（如水质和细菌、细菌和对虾生理状况等），以期为生物絮团技术的实践应用提供理论支持。

从 20 世纪 90 年代初开始，受水资源限制、环境问题和土地成本等因素的驱动，以色列和美国分别在罗非鱼和凡纳滨对虾封闭式养殖中集中开展了生物絮团技术的应用研究。

随后研究成果和实践经验被公开发表,极大地推动了生物絮团技术的快速发展。近十年来,鉴于生物絮团技术在水产养殖中发挥的巨大潜能,全世界许多研究中心和高等院校都开始广泛地研究和发展生物絮团技术,主要涉及的关键领域有养殖管理、生态营养、生长生殖、微生态功能、微生物技术和养殖经济学[3]。

9.1.4　生物絮团技术的应用原理

生物絮团技术是一种发展和促进水中有机物和微生物积累的技术。这些微生物大多是有益微生物,在水体中发挥着重要的生态功能,一方面通过吸收转化水体中的氮磷代谢物保持水质平衡;另一方面生物絮团自身可为鱼虾提供生物饵料,实现营养物质的循环利用。水产养殖中可应用的益生菌有数十种,其中芽孢杆菌是最为典型的益生菌,其对环境的适应能力极强, 代谢产物无毒,可降低水体中的 NO_2^- 和氨氮含量;可将水体中的有机物转化为自身的营养物质, 降低水体中的 COD;可以提升对虾的免疫防御能力;由其产生的消化酶能促进鱼虾的消化,提高饲料利用率。在水产养殖系统中,微生物群落可以通过连续喂食大量的人工饲料来获取生长和繁殖所需的各种营养物质。另外,有机颗粒物和生物絮团在水体中保持悬浮状态是水产养殖系统良好运行的关键[4]。

9.2　生物絮团在水产养殖中的作用

9.2.1　生物絮团对养殖水质的净化作用

养殖池塘内有害物质氨氮、 NO_2^- 的排出途径主要有人工换水、藻类光能自养过程、自养微生物硝化作用、异养微生物氨化及同化作用、反硝化作用和以气体形式挥发排出等。随着水产养殖业规模的日益扩大和养殖密度的提高及环境保护政策要求越来越严,亟须一种具有极高效率的养殖废物转化途径。生物絮团技术通过添加有机碳源调控异养微生物的同化作用,吸收养殖水体中的无机氮,具有效率极高、可控性强、操作简单便捷的优点。Avnimelech 在 1989 年发现, 当有机碳源被添加到鱼虾养殖系统时, 可溶性无机氮很快被异养微生物同化和吸收。Hari 等研究发现,通过向养殖水体中添加葡萄糖可以有效降低养殖水体中的总氨氮和 NO_2^- 浓度[1,2]。之后, 国内学者研究证实, 采用生物絮团技术, 维持养殖水体中的高碳氮比, 在氨氮去除方面效果良好[5]。

9.2.2　生物絮团对饲料营养的再利用

生物絮凝技术可以将养殖水体中的有机废弃物、残饵和粪便通过生物絮凝转化为家畜可食用的生物絮凝饵料,从而实现蛋白质在饲料中的多种利用,提高蛋白质的转化率和利用率。Boyd 等发现,在使用生物絮团技术之后,饲料中氮的利用率高出很多,达到了 40%。根据 Avnimelech 等的研究结果, 在罗非鱼养殖系统中加入生物絮团技术可以将蛋白质利用率提高至 43%[1]。综上所述，应用生物絮团技术后的养殖模式，在相同的目标产量下，可以大幅减少培养对象的饲料使用量。

9.2.3　生物絮团对养殖对象的生物防治作用

与传统病害治理措施如使用抗生素、抗真菌剂及益生素等相比，生物絮团技术是减少水产养殖病原菌的有效方法。其作用机理包括以下几个方面[6]。

1. 生物絮团切断了病毒的传播途径

传统的水产养殖模式如粗放式、半精养或精养模式为开放式养殖模式，换水量过大可能会将水中的致病菌带入养殖水体，对养殖系统里的水产品产生很大影响，严重时会使养殖对象死亡，从而带来巨大的经济损失。研究结果显示，换水量较小的生物絮团养殖系统在实际应用过程中有效降低了鱼虾的患病率，大大提高了养殖品质和效率。

2. 生物絮团中聚-β-羟丁酸的防治作用

生物絮团里的微生物合成的某些化合物的作用类似于有机物，可用作微生物控制以平衡水产养殖对象的肠道微生物群。不同的碳源可生成不同的聚羟基脂肪酸酯（polyhydroxyalkanoates，PHA）。可通过向养殖系统中定期添加特定的碳源，调节水体的碳氮比。其中一种微生物储藏产物聚-β-羟基丁酸，属于聚酯类，是聚羟基脂肪酸酯家族中的一员。生物絮团中的芽孢杆菌属、产碱菌属及假单胞菌属等众多细菌均能吸收水体中的可溶性有机碳，产生聚-β-羟基丁酸。聚-β-羟基丁酸参与细菌的碳代谢与能量储存，能保护不同养殖对象免受细菌感染。当养殖动物肠道中的细菌死亡或溶解时，胞内聚-β-羟基丁酸会释放到细胞外，并被胞外聚-β-羟基丁酸解聚酶降解为 β-羟基丁酸，β-羟基丁酸与其他短链脂肪酸（short-chain fatty acids，SCFA）或有机酸一样，具有抑制某些病原菌的作用，可降低生物絮团系统中养殖对象的感染率，提高养殖对象的存活率。

3. 生物絮团微生物扰乱病原菌的群体感应

生物絮团中的细菌和藻类可产生某些胞外代谢物，破坏病原菌的致病性，扰乱病原菌的群体感应，使毒性信号分子失活。而干扰病原菌群体感应的作用机制主要有两种：①通过产生群体感应拮抗剂扰乱细菌的群体感应系统；②产生群体感应信号分子降解酶，阻断群体感应系统的信息回路。有研究指出，通过扰乱群体感应可降低哈维氏弧菌对卤虫的毒性。但生物絮团对细菌群体感应的作用机制还有待进一步研究。

4. 生物絮团微生物与病原菌间的竞争作用

生物絮团微生物通过与病原菌竞争空间、底物及营养物质来抑制病原菌的生长及繁殖。生物絮团中大量繁殖的异养细菌（$10^6 \sim 10^7 \mathrm{CFU/mL}$）既能与弧菌等病原菌竞争必需的营养物质（如氮源等），又可竞争性地抑制病原菌黏附到养殖动物体表，其通过同病原菌争夺生态位点，使病原菌的生长与繁殖处于不利地位。试验结果显示，生物絮团中的微生物对罗非鱼鳃寄生虫具有生物竞争作用。但是，到目前为止，该领域的研究较少。

5. 生物絮团微生物对养殖对象免疫方面的作用

现有的免疫增强剂主要包括细菌及细菌产物、复合糖类、营养因子、动物提取物、细胞因子、凝集素、植物提取物及合成药物（如左旋咪唑等）。生物絮团含有多种细菌及细菌产物，可能含有免疫促进剂。例如，生物絮团中的芽孢杆菌是一种益生菌，能有效提高机体干扰素与巨噬细胞的活性，产生一系列免疫活性因子，增强机体的抗病能力和免疫力。研究发现，将添加生物絮团的饲料投喂给凡纳滨对虾后，能够显著提高对虾的非特异性免疫力，对虾抵抗哈维氏弧菌感染的能力也得到增强，这从生物絮团营养免疫学的角度证实了生物絮团对养殖对象的免疫促进作用，但生物絮团对养殖对象的免疫刺激作用还有待进一步研究。

9.3　生物絮团在工厂化养殖中的调控与管理技术

9.3.1　生物絮团在工厂化养殖中的调控技术

1. 水温

水产养殖系统中水温的相对稳定对生物絮团的生长来说具有积极作用，但是温度的影响范围有限，生物絮团中的微生物对水温有一定的耐受性，且水体的温度不容易调节[5]。

另外，温度的影响错综复杂。温度对微生物的生长代谢起着决定性作用，影响微生物群落结构特点。对生物絮团功能特性的探索也需要对温度进行研究。已有的研究表明，温度与生物絮团的生物量高低、大小和形态都有关联。20～25℃是絮凝体形成的最佳温度，其在低温（4℃以下）条件下不易形成[2]。

2. pH

在不同养殖模式下养殖不同的水产品，养殖水体的 pH 不同。不同 pH 的水体环境中菌体呈现出的电性不同，这主要是因为 pH 对异养细菌细胞的絮凝作用起决定性作用。所以，改变 pH 实际上是为了改变菌体的电性，满足不同絮凝条件的要求[5]。

研究表明，随着水产养殖时间的延长，水体中的 pH 会呈现出下降趋势，原因是生物絮团的生长形成过程中微生物的新陈代谢在消耗 O_2 的同时产生 CO_2，导致 pH 和碱度降低。另外，生物絮团中的异养微生物在同化氮素时会降低碱度，这也会导致水体的 pH 降低。硝化细菌在将氨氮转化为 NO_3^- 的过程中也会产生一些酸性的衍生物，使得 pH 下降；养殖系统中养殖动物呼吸作用产生的 CO_2 同样会导致碱度下降[2]。

3. 溶解氧

氧气是构成生物絮团的异养微生物在生长繁殖过程中必不可少的要素，可以通过增氧设备保证养殖水体中溶解氧充足。而且，增加曝气可以搅匀水体，使生物絮团保持悬浮，不易沉淀，其形成和分解速度达到平衡。除此之外，使用曝气设备还可以让养殖水体保持流动，不形成死角，增加水体与空气的接触面积和加速二氧化碳的挥发[6]。

使用生物絮团技术时一定要设置足够的曝气增氧设施，保持充足的溶解氧（DO 浓度＞4mg/L）和足够的混合强度，以底部增氧（气石增氧、微孔增氧等）为宜[7]。根据国内外研究经验，采用生物絮团时充氧功率不应低于 20kW/hm²[8]。

4. 碳源

生物絮团在形成过程中所需的有机碳源种类较多（如葡萄糖、乙酸、甘油等），可以直接添加，也可以通过改变饲料成分来调节有机碳所占比例。有机碳源的选择很大程度上决定了生物絮团的群落组成与稳定性。选择合适的碳源和添加方式不仅可以促进异养微生物的生长，还可以产生部分有机酸来增强鱼类的抵抗力。实际应用时要考虑碳源的来源和经济价值，尽量选择性价比高、来源广、水溶性好的化合物作为碳源[9]。

1）高效与经济有机碳源的选择

我国养殖业发展迅速，一般养殖场都是大中规模，因此需要效用高且价格实惠的有机碳源。合适的有机碳源对形成和维持生物絮团具有重要的作用，目前国际上使用得较多的为淀粉、葡萄糖等利用率较高但价格也较高的有机碳源，这类碳源不太适合我国大规模水产养殖[8]。

糖蜜是制糖工艺中的一种副产品，其主要成分为糖类（蔗糖），是很好的发酵原料，由于其适口性好，在畜牧养殖业中应用较多。鉴于糖蜜的上述特性及其在我国南北方均有分布，可以考虑今后将糖蜜作为碳源应用到实际养殖生产中；蔗糖、淀粉、麦麸、玉米粉和米糠等也是可选择的碳源[8]。

2）有机碳的适宜添加量

研究发现，将养殖水体中的碳氮比调到 15 左右时，氨氮等无机氮的转化率和去除率是最高的。但是在高位养殖模式中，无机氮是浮游植物生长繁殖不可或缺的物质，因此需要再进行深入研究，找到高位养殖模式下的有机碳添加量或碳氮比，以达到既降低水体无机氮的质量浓度，同时又发挥浮游植物生态作用的目的。要减少养殖过程中的污染，应将生物絮团技术和现有的水质生态调控技术有机结合起来[8]。

5. 碳氮比

通过向养殖水体额外添加碳源可增加水体中的碳氮比，定向调控养殖系统中的异养微生物，利用微生物的同化作用可将氨氮等养殖废物转化为细菌自身的菌体蛋白，达到调控水质的目的；同时菌体蛋白又能以食物的形式进入养殖系统食物链循环，提高蛋白质的利用率。研究发现，水产养殖系统中碳氮比大于 10 时最有利于微生物生长，而碳氮比已成为目前水产养殖研究中的热点[5]。

在养殖系统中提高碳氮比的方法主要有两种：①往养殖水体中添加有机碳源；②使用低蛋白质含量的配合饲料。补充有机碳源后，异养菌可以迅速地同化吸收氨氮，而且这一过程较微藻的光合吸收过程更稳定可靠。选择碳源时主要考虑两种：一种是利用率比较高的简单碳水化合物，另一种是效果比较稳定持久的复合碳水化合物[3]。

9.3.2　生物絮团在工厂化养殖中的管理技术

1. 污泥停留时间

污泥停留时间（sludge retention time，SRT）即微生物从生成到排出系统的平均停留时间，也是微生物全部更新一次所需的时间。SRT 过短，微生物来不及增殖即被排出系统；SRT 过长，生物絮团易出现老化解体现象。李凌云等在研究序批式活性污泥工艺短程硝化快速启动条件的优化时发现，SRT 为 7d 时，亚硝酸盐氧化菌会被淘洗出系统，氨氧化菌在硝化菌菌群中的比例不断提高，初始氨氮浓度为 44～65mg/L 时，NO_2^- 累积率大于 90%[10]。Liu 等以序批式活性污泥法培养生物絮团，研究 SRT 为 1～6d 时生物絮团对循环水养殖系统废水处理效能和絮团产率的影响时发现，要满足水中总氮、NO_2^- 浓度维持在 0.5mg/L 以下，须使 SRT 大于 4d；而随着 SRT 的增大，絮团产率逐渐降低，从 2.54gVSS/gCOD 降低至 2.2gVSS/gCOD 以下[11]。

2. 氮营养负荷

氮营养负荷是有害氮转化和除氮能力分析中的重要参数。Cydsik-Kwiatkowska 在研究氮负荷对好氧颗粒污泥微生物群结构的影响时发现，总凯氏氮负荷为 1.1kg/(m³·d)时的总氮去除性能良好[12]。李军等在对固体碳源填充床反应器反硝化性能的研究中发现，反应器的反硝化速率与进水 NO_3^- 负荷线性相关（$R^2 = 0.937$），且出水 NO_3^- 与 NO_2^- 浓度达到国家排放标准时，需维持进水 NO_3^- 负荷不高于 0.16mg/L[13]。水产养殖过程中的氮营养负荷与养殖密度、投喂量及养殖生物氮收支有关，其相关核算关系式为

$$Ns = afmD \tag{9-1}$$

式中，Ns——氮营养负荷，kgN/(m³·d)；

　　a——氮排放率，%[其中有机氮排放率 =(粪便氮 + 其他氮 + 排泄有机氮)/饲料氮；无机氮排放率 = 排泄无机氮/饲料氮]；

　　f——饲料中氮含量占比，%；

　　m——饲料投喂率，%；

　　D——养殖密度，kg/m³。

由式（9-1）可知，研究氮营养负荷对生物絮团氮素转化效能的影响，确定生物絮团对养殖排放水有害氮素的处理能力，有利于核算养殖系统对相关含氮物质的承载力，可为确定养殖密度提供理论参考[14]。

3. 絮团浓度

絮团浓度直接影响参与水中有害氮素去除的微生物量，在一定范围内，增加絮团浓

度，氮转化率提升。然而，絮团浓度越高，维持絮团运行所需的能耗越高，养殖水处理成本增加。因此，从实现养殖水的高效处理和节约经济成本的角度出发，研究最佳絮团浓度范围，有着重要的实用价值。Gaona 研究发现生物絮团系统中总悬浮颗粒物浓度在 100～300mg/L 时水质最好，养殖对虾存活率可达 94.79%。Ray 在跑道式生物絮团对虾养殖系统中也发现，最佳养殖效果的总悬浮颗粒物浓度为 100～300mg/L。Poli 基于生物絮团技术培育南美克林雷氏鮎鱼（*Rhamdia quelen*）幼苗，发现悬浮固体颗粒物浓度为 400～600mg/L 时，养殖水质最好，养殖水体氨氮平均浓度为 0.08mg/L，NO_2^- 仅为 0.02mg/L[14]。

9.4　生物絮团技术在工厂化水产养殖中的应用

生物絮团技术凭借其显著的特点为解决养殖环境问题提供了新的解决办法，成为当前水产养殖业的热门研究方向。残余饲料和鱼类粪便会导致水体中有较多的颗粒状悬浮物，因此生物絮团技术适合抗逆性较强，能够快速适应具有较多悬浮物的养殖水体和能够摄食生物絮凝体并消化吸收的养殖对象。目前，生物絮团技术应用得最多的是对虾和罗非鱼养殖，其他养殖对象是否适应生物絮团养殖环境，还需做进一步的探索[15]。

9.4.1　南美白对虾养殖

近年来，对虾养殖业发展迅猛，已成为中国乃至全世界重要的水产养殖产业之一，而且在未来几年仍将保持飞速发展的趋势。人们的生活水平日益提高，对虾等的需求量也随之增加，中国是世界上产虾量最大的国家，而且养殖规模还在逐年扩大。不过，养殖区域水资源、土地资源及其他资源相对短缺的问题也越来越突出。

在对虾养殖系统中使用生物絮团技术，其中的异养微生物可以有效地利用水中的残饵进行代谢，从而降低氨氮含量，净化水质，进行养殖环境的修复；同时，异养微生物又可作为饵料被对虾摄食，从而带动整个养殖生态系统的营养流动和物质循环，促进对虾的健康成长[15]。

美国南卡罗来纳州在 2001 年就开始在对虾养殖中大范围地使用生物絮团技术，同时还总结出应用生物絮团技术时的三个生产要素：一是使用性价比高的碳源；二是保证足够的溶氧量；三是严格控制温度。

在生物絮团技术的商业化应用方面，法国的 Sopomer 养殖场在 1988 年使用 $1000m^2$ 的水泥池在有限水交换条件下实现了当时世界范围内的最高生产记录，即一年 2 茬共 20～25t/hm^2 的对虾产量。与此同时，位于中美洲的 Belize Aquaculture 养殖场可能是当时生物絮团技术商业化应用最为成功的案例，其采用 $1.6hm^2$ 的铺膜池塘，实现了 1 茬 11～26t/hm^2 的对虾产量[16]。随后在全世界范围内，达到一定规模的对虾养殖场基本上都借鉴了 Belize Aquaculture 养殖场的相关经验。20 世纪 80 年代，美国的 Waddell Mariculture 养殖场也开展了生物絮团技术在凡纳滨对虾封闭式集约化养殖系统中的应用研究。进入 21 世纪，美国马里兰州、佛罗里达州、夏威夷州和得克萨斯州等的多个研究所都相继开展了生物絮团技术在室内跑道式养殖池中的应用研究，并采用了超高密度养殖模式（图 9-4）。其中，最成功的当属马里兰州的 Marvesta 养殖场，其在 570m³ 的室内跑道池内生产出了 45t 新鲜对虾[17]。

印度尼西亚（简称印尼）巴厘岛对凡纳滨对虾采用的养殖模式是生物絮团高位池精养，使用多台曝气设备全天曝气，以保证充足的溶解氧，同时控制碳源添加量，调整碳氮比在 15 左右。经调整这样的模式每亩①可保证 1.5t 左右的产虾量，最高可达 3.4t。此外，印尼的高密度精养系统可达到 9kg/m³ 以上的高产[18]。

图 9-4　对虾工厂化循环水养殖系统

某工厂化南美白对虾养殖技术示范池体积为 3000m³。放养的虾苗为 F1 代苗，规格 P5～P6，总放苗 86 万尾。控制碳氮比在 10～20。全程不换水，每 10d 施加 1 次芽孢杆菌。每 4d 添加 1 次碳源，这样既可以达到形成生物絮团、促进对虾生长的目的，又可以减小碳源添加量，降低养殖成本。生物絮团浓度对养殖效果有一定程度的影响。代文汇使用南美白对虾幼虾（6.8g/尾）以 459 尾/m³ 的放养密度在 6 个 70m³ 的水池中进行了为期 44d 的养殖研究。研究结果显示中等含量的生物絮团（总悬浮物浓度在 400～600mg/L）似乎更适合南美白对虾的超集约化养殖，因为这样可以形成维持系统生产率和稳定性合适的要素。由于生物絮团的氨氮降解作用，养殖前中期基本不换水，后期日换水 5% 左右。自 4 月中旬放苗，7 月底收获，养殖周期 100d，单产 3.2kg/m³，折合亩产 2133.4kg，总产 1344kg。同时，建立生物絮团生物净化池面积 800m²，经过生物处理的养殖废水回收利用率达 80% 以上[19]。

---

① 1 亩≈666.67m²。

9.4.2　罗非鱼养殖

我国在 1956 年开始罗非鱼的养殖，最开始选择的品种是越南的莫桑比克罗非鱼，俗称越南鱼。1978 年中国水产科学研究院长江水产研究所引入尼罗罗非鱼，我国开始大规模养殖罗非鱼。1983 年中国水产科学研究院淡水渔业研究中心引入奥利亚罗非鱼，开辟了奥尼杂交鱼的养殖，使我国的罗非鱼养殖取得了长足的发展，之后十几年的时间里我国的罗非鱼年产量从 1.8 万 t 增至 55 万 t。国际上对罗非鱼的需求量较大，因此，罗非鱼养殖对我国渔业可持续发展起着重要的作用。

20 世纪 80 年代，Serfling 等在美国加利福尼亚州太阳养殖场首次实现了生物絮团的商业化应用（图 9-5），以及罗非鱼的工厂化规模养殖。Avnimelech 在 20 世纪末曾提出，生物絮团可以合成菌体蛋白（能替代鱼、虾生长所需的部分饲料蛋白），还可以提高养殖生物对蛋白质的利用率。将生物絮团技术应用到罗非鱼养殖系统之后，Avnimelech 发现饵料系数显著降低，饵料利用率为 45%，经济效益显著提高。除此之外，他还发现生物絮团中的某些有效成分（免疫促进剂和免疫活性因子等物质）可以起到增强养殖鱼类免疫力的作用[17]。

图 9-5　Chambo 渔业公司的生物絮团连续养殖池

生物絮团技术在美国罗非鱼养殖中的应用模式为小池子精养（图 9-6），667m^2 养殖池放养罗非鱼鱼苗 1 万至数万尾，持续不断地充氧曝气，碳源选择的是蔗糖，投喂量为饲料的 40%～60%，处理效果达到零换水养殖效果。生物絮团技术之所以可以在罗非鱼养殖方面最先取得应用成果，主要是因为罗非鱼可以有效食用并转化生物絮团里的有益物质。这种养殖模式在以色列、比利时、美国等地的罗非鱼养殖中获得了较好的应用效果，也是生物絮团技术推行过程中最为简单的模式[20]。

图 9-6　养殖池

如今，生物絮团技术已经在亚洲、拉丁美洲的许多大型养殖场得到成功应用，并且在美国、韩国、巴西、意大利、中国等国家的小型温室养殖模式中得到了推广[17]。

9.4.3　大菱鲆养殖

大菱鲆，菱鲆科，菱鲆属，原产于欧洲，是一种经济价值较高且在欧洲市场上比较畅销的海产鲆鲽类。其性情温和，耐低温，生长迅速，容易接受配合饵料，易于集约化养殖。但是在工厂化养殖技术条件下，大菱鲆对水资源的依赖程度特别高，若能成功减少养殖水体的交换，则必将为大菱鲆养殖技术带来重大革新。邓应能在研究中以红糖为碳源（碳氮比为 20）进行用生物絮团技术养殖大菱鲆的探索试验，生物絮团试验组中水体的 NO_2^- 浓度低于 0.1mg/L，氨氮浓度低于 0.2mg/L，pH 在生物絮团形成过程中存在波动，可用化学试剂进行调节，保持 pH 为 7～8，以适应大菱鲆生长，生物絮团试验组存活率达到 70%[21]。

9.4.4　石斑鱼养殖

石斑鱼是经实践发现的又一个适合工厂化规模养殖的鱼类品种。通过严格控制循环水养殖系统的 pH、溶解氧、碳氮比等要素，经验证石斑鱼养殖密度约在 $102kg/m^3$ 时，存活率可高达 80%（图 9-7）。

杨超等研究了用封闭式循环水养殖系统养殖珍珠龙胆石斑鱼的效果，发现珍珠龙胆石斑鱼的生长情况与养殖期间的水质变化息息相关，并对养殖 250d 的养殖成本进行了分析[22,23]。结果表明，珍珠龙胆石斑鱼养殖密度最高达到 $69.50kg/m^3$，特定生长率为（0.76±0.02）%，饲料系数为 1.04，投入产出比为 1∶2.02。研究表明，该系统可有效降低养殖水中的氮排泄物浓度，使水温、DO、氨氮、NO_3^- 等指标均满足珍珠龙胆石斑鱼的适宜生长条件，并且养殖水可以循环利用。

图 9-7　石斑鱼养殖基地

9.4.5　加州鲈养殖

　　20 世纪 70 年代我国台湾地区首次引入了加州鲈，该品种于 20 世纪 80 年代被引入广东省，并经努力在 1985 年成功实现了人工繁育（图 9-8）。加州鲈生存温度范围较广，4～34℃均能生存，温度低于 2℃则会出现大量死亡，10℃以上开始摄食，生长最适温度

图 9-8　加州鲈鱼苗

为 25℃左右，成鱼可在室外自然越冬，一冬龄便可性成熟[24]。加州鲈在盐度为 10 以下、pH 为 6.0～8.5 的水体中均能生存。驯化后的加州鲈可人工饲喂。加州鲈是典型的淡水肉食性鱼类，它的肝脏对大分子碳水类化合物的消化能力较弱[25]。在加州鲈鱼苗开始人工养殖后，及时使用生物絮团技术进行养殖，可以达到出乎意料的效果：成活率高、病害少、水易调、鱼好养、省心省力[26]。

9.4.6　生物絮团技术存在的问题及展望

近年来，生物絮团技术发展迅速，不断得到大家的认可，但是离广泛的生产应用仍有一段距离，而且也存在一定的局限性。

首先，生物絮团微生物群落结构以及活性的调控还不完全明确。生物絮团结构复杂，其中微生物多样性和组成需深入研究，微生物群落的动态变化和活性稳定等方面的研究也有待完善。

其次，生物絮团技术缺乏完整的操作性技术指导。不同的水质、环境以及养殖品种，对生物絮团的形成和维护是有不同要求的，所需技术含量较高，在生产实践中难以得到推广，因此需要细化成册。

再次，生物絮团养殖系统中养殖生物存在一定的局限性。目前该项技术只在对虾、罗非鱼、鲫鱼、鲇鱼等能适应较高浑浊度水体的物种中应用，能否被推广至其他水生动物的养殖，有待进一步研究。

最后，生物絮团的控制和维护烦琐。生物絮团中的微生物也面临老化问题，老化絮团会沉积并促使厌氧菌生长，如何方便地移除老化细菌以及防止生物絮团老化也有待深入研究[27]。

参 考 文 献

[1] 罗旭辉. 浅析生态养殖技术在水产养殖中的应用[J]. 新农业, 2020（1）：72-73.

[2] 缑敬伟. 碳源对生物絮团降氮效果及影响机制研究[D]. 武汉：华中农业大学, 2019.

[3] 徐武杰. 生物絮团在对虾零水交换养殖系统中功能效应的研究与应用[D]. 青岛：中国海洋大学, 2014.

[4] 沈烈峰, 郑文炳, 李维, 等. 生物絮团技术在对虾养殖中的应用现状分析[J]. 现代农业科技, 2016（6）：248-255.

[5] 戴杨鑫, 王宇希, 冯晓宇, 等. 基于生物絮团技术的水产养殖应用研究综述[J]. 杭州农业与科技, 2017（3）：12-17.

[6] 龙丽娜, 李源, 管崇武, 等. 生物絮团技术在水产养殖中的作用研究综述[J]. 渔业现代化, 2013, 40（5）：28-33.

[7] 《当代水产》. 什么是生物絮团养殖技术？一文为你揭开其神秘面纱[EB/OL]. http://www.360doc.cn/article/20056724_666253923.html, 2017-6-24.

[8] 罗亮, 张家松, 李卓佳. 生物絮团技术特点及其在对虾养殖中的应用[J]. 水生态学杂志, 2011, 32（5）：129-133.

[9] 李斌, 马元庆, 张秀珍, 等. 生物絮团技术研究进展及其在工厂化养殖中的应用[C]//东北亚地区地方政府联合会海洋与渔业专门委员会. 海洋资源科学利用论坛论文集. 济南：山东省科学技术协会, 2011：348-355.

[10] 李凌云, 彭永臻, 杨庆. SBR 工艺短程硝化快速启动条件的优化[J]. 中国环境科学, 2009, 29（3）：312-317.

[11] Liu W C, Luo G Z, Tan H X. Effects of sludge retention time on water quality and biofloc yield, nutritional composition, apparent digestibility coefficients treating recirculating aquaculture system effluent in sequencing batch reactor[J]. Aquacult Engineering, 2016, 72: 58-64.

[12] Cydzik-Kwiatkowska A. Bacterial structure of aerobic granules is determined by aeration mode and nitrogen load in the reactor

cycle[J]. Netherlands：Bioresource technol，2015，181：312-320.

[13] 李军，徐影，王秀玲. 固体碳源填充床反应器反硝化性能的研究[J]. 天津：农业环境科学学报，2012，31（6）：1230-1235.

[14] 王涛，刘青松，李华，等. 生物絮团技术在水产养殖水处理系统中作用与管理的研究进展[J]. 海洋湖沼通报，2019（1）：119-125.

[15] 刘本文. 生物絮团技术在水产养殖中的应用[J]. 商品与质量，2017（37）：231.

[16] 王仁龙，王志宝，刘立明，等. 生物絮团技术在水产养殖中的应用现状[J]. 水产科技情报，2017，44（6）：330-339.

[17] 徐武杰. 生物絮团在对虾零水交换养殖系统中功能效应的研究与应用[D]. 青岛：中国海洋大学，2014.

[18] 张许光. 生物絮团技术在罗非鱼南美白对虾养殖过程中的应用实例[EB/OL]. http://www.shuichan.cc/news_view-234411.html，2015-2-5.

[19] 代文汇. 工厂化生物絮团南美白对虾健康养殖技术研究[J]. 科学养鱼，2018，5：38-39.

[20] 佚名. 罗非鱼养殖技术[EB/OL]. http://www.jutubao.com/baike/1124.html，2020-5-4.

[21] 邓应能. 不同养殖系统生物絮团调控模式研究[D]. 上海：上海海洋大学，2011.

[22] 杨超. 基于"HX-2014 循环水养殖"平台超高密度养鱼技术的研究[D]. 大连：大连海洋大学，2016.

[23] 杨超，孙建明，徐哲，等. 循环水高密度养殖珍珠龙胆石斑鱼效果研究[J]. 渔业现代化，2016，43（3）：18-22.

[24] 王孟乐，张卫东，张玲，等. 河南省加州鲈养殖模式[J]. 河南水产，2019，2：13-26.

[25] 杨帆. 红火"大消费、大流通、大养殖"的加州鲈，未来饲料将再增 50 万吨[J]. 当代水产，2019，44（4）：52-54.

[26] 陈华. 生物絮团技术在加州鲈水花培育上的应用[EB/OL]. https://www.sohu.com/a/338128306_120104340，2019-9-2.

[27] 沈烈峰，郑文炳，李维，等. 生物絮团技术在对虾养殖中的应用现状分析[J]. 现代农业科技，2016（6）：248-255.

第四篇　智能控制技术及工程实例

第 10 章　工厂化循环水养殖的智能管控技术

10.1　水质指标自动检测系统

工厂化循环水养殖模式与传统的池塘和江河养殖模式不同,它随着科学技术进步逐渐得到改进。工厂化循环水养殖的最终目标是不断提高养殖密度,使养殖生物群体能够在优质并且稳定的环境里快速生长,取得高产量,使投资者得到最大收益。循环水养殖模式受气候影响的概率为零,养殖车间不分四季,能做到全年连续性生产。取水、换水均在智能控制系统的控制下进行,减少了外界水源水质不稳定的影响。使用一定的灭菌消毒设备可以有效防止病原微生物的入侵,达到减少感染的目的。循环水养殖占地面积小,节约水资源,单位水生产力高,可生产无公害水产品。这是未来水产养殖发展的方向。循环水养殖模式的理念是用最少的投资获得最高质量的养殖环境,其中关键是调节关键水质指标,使养殖生物能够健康快速地生长[1]。保持良好的循环水水质是水产养殖成功的关键。因此,养殖系统的所有设备和设施都围绕着"水资源维护"这个中心主题运作和运行。

10.1.1　养殖环境参数的选择

鱼塘的环境因素是决定鱼类生长的关键因素,不仅影响鱼类的生长和健康,而且影响鱼类的早熟和高产。因此,鱼塘环境因素的测控对鱼类的生长具有重要意义。鱼塘环境因素主要包括水位、溶解氧、水温、pH 等[2]。

1. 水位

水质因素中与鱼类关系密切的因素之一是鱼塘的水位。水位不仅直接影响鱼类的生理活动,还影响其他环境条件,间接影响鱼类的生长。许多环境参数受水位的限制。随着水位的降低,水体中的含氧量减小,鱼的生存空间减小。一般来说,减小鱼的生存空间会在一定程度上使鱼"油腻",拥挤的生存空间甚至会使鱼窒息而死。当水位降低时,水质会相应降低,换水难度会大大增加。

2. 溶解氧

水体中的溶解氧(DO)含量在 20℃、100kPa 条件下接近饱和值,约为 9mg/L。一些有机化合物能在好氧细菌的作用下被降解,同时消耗水中 DO。若有机物的含量用 C 计算,并假设 C 可以全部转化为 CO_2,那么每消耗 12g C,就要消耗 32g O_2。因此,藻类在快速繁殖时,水体中的 DO 含量下降得很快。而在养殖过程中,DO 对鱼类能否存活很重要,

DO 浓度一旦降到 5mg/L 以下，鱼类就会出现呼吸困难；当 DO 浓度低于 4mg/L，鱼类就会窒息死亡。所以，水产养殖中需要监测 DO。

3. 水温

在各种水质因素中，与鱼类密切相关的因素之一是鱼塘的水温。水温直接影响鱼类的生长、发育和繁殖。水温也会影响其他环境参数。例如，当水温升高时，氧含量会降低。几乎所有环境条件都受水温的影响。一般来说，当水温升高时，鱼的新陈代谢增强。水温每升高 10℃，鱼的新陈代谢水平可提高 2～3 倍，但水温过高，会抑制鱼虾的生长，甚至导致鱼虾死亡。如果水温过低，鱼虾的新陈代谢水平就会下降，甚至停止生长。如果水温低于冰点，鱼和虾会因体液冻结而死亡。在适宜的温度范围内，随着水温的升高，鱼虾的新陈代谢增强，生长发育也增强。因此，在工业化鱼虾养殖中，将各种鱼虾的生长温度控制在合适的温度范围内是非常重要的。

4. pH

pH 代表水中氢离子的浓度。在野外，鱼和虾可以生活在 pH 为 5.0～9.5 的水域中。因此，大多数鱼虾养殖池的 pH 可以控制在 6.5～9.0。作为一个重要的化学和生态因素，pH 影响着鱼虾养殖的整个过程。

对于大多数水产品而言，水生环境的 pH 应相对稳定，但不同的生长周期有不同的要求，不过一般波动不大。对于淡水鱼，最合适的 pH 为 6.8～7.5。例如，条纹鲈鱼能适应的 pH 为 6～9，最佳 pH 为 7.5～8.5，碱性水域更适合它们的生长发育；淡水鲷鱼能适应多种水生环境，适宜的 pH 为 6.0～8.5，耐受范围为 4.0～9.0。pH 过高或过低都会导致鱼和虾死亡。如果养殖水呈酸性，鱼虾的血液酸碱度和携氧能力会降低，导致鱼虾的新陈代谢急剧下降。碱度过高的水会腐蚀鱼的鳃组织，使卵膜过早溶解，引起胚胎死亡，其对鱼虾生长繁殖的影响不可估量[3]。因此，应构建水体数据信息采集及控制系统，检测参数及装置见表 10-1。

表 10-1　检测参数及装置

检测参数	检测装置	检测方式	来源	控制装置
水位	水位传感器	计算机自动	水样	进排水泵
pH	pH 传感器	计算机自动	水样	酸碱液泵
DO	DO 传感器	计算机自动	水样	增氧泵
水温	温度传感器	计算机自动	水样	热水泵

10.1.2　自动检测系统

目前，根据应用的特点、控制方案、控制目标和系统组成，环境因素计算机硬件控制系统大致可分为以下几类：数据采集系统（data acquisition system，DAS）、操作指导控制（operation guide control，OGC）系统、直接数字控制（direct digit control，DDC）系统、分布式控制系统（distributed control system，DCS）和监督计算机控制（supervisory computer control，SCC）系统[2]。

（1）DAS 是计算机通过输入通道进行实时数据测量，对测量数据进行处理、记录并触发报警，通过打印机显示或打印，并提供使用建议的监控系统。在 DAS 中，计算机只承担数据采集和处理的工作，不直接参与控制，不会直接影响生产过程。

（2）在 OGC 系统中，计算机根据收集到的数据和工艺要求进行优化计算。计算出的最佳运行条件不直接控制被控对象，而是被显示或打印出来。操作员可以相应地更改每个控制器的设置，增强或激活执行器以完成操作指导的功能，这一步要求操作员必须手动操作，且对速度有限制，不能同时控制多条回路。

（3）DDC 系统不仅利用计算机完成对多个受控参数的数据采集，而且还根据一定的控制规律进行计算，并做出实时决策，发出控制信号，实现对生产过程的闭环控制。这是工业应用中微型计算机最常使用的系统。

（4）DCS 是一种先进的基于微处理器的计算机控制系统，利用计算机网络对生产过程进行集中管理和分散控制。DCS 自下而上分为多级，形成分级分布式控制，可实现自动监测控制和综合管理，适用于大中型场站的自动化管理。

（5）SCC 系统有两级计算机控制设施。第一级是 DDC 系统，它使用计算机或模拟调节器来补充直接控制；第二级是 SCC 计算机，其通常由直接数字机床和计算机监控系统组成。直接数字控制机床由单片机或单板机实现，可通过民用 R-S232 接口与监控计算机通信，广泛应用于现场控制。当上位机出现故障时，下位机可以独立进行控制。下位机直接参与生产过程的控制，上位机承担先进的控制和管理任务。

通过对水产养殖环境的实际情况进行分析并结合上述各计算机控制系统的特点，水产养殖户可以根据实际水产养殖的条件合理地选择一种或多种系统进行使用。

10.2　摄食行为识别

在水产养殖中，鱼的摄食行为信息有很多是通过肉眼观察获得的，容易受到人为因素的干扰，因此往往缺乏客观性。计算机视觉技术可以连续、无疲劳、非接触、精确、客观地反映被检测物体的特性，因此目前正逐渐取代传统的肉眼观察方法。计算机视觉技术涵盖了通信、离散数学、计算机技术和数字信号相关内容，涉及信息技术、光学成像技术、图像处理技术、模式识别技术等相关先进技术[4]。

如图 10-1 所示，这是一个典型的计算机视觉系统示意图，主要由图像采集系统、图像分析处理系统、图像结果输出系统组成。其中，图像采集系统主要是利用摄像头、摄像机或其他技术手段获取被检测物体的图像或视频；图像分析处理系统主要是通过与图像处理相关的算法对图像信息进行分析和处理以达到预期的效果，包括对采集到的鱼类图像进行预处理、图像分割、特征提取等操作；图像结果输出系统将图像分析处理系统得到的处理结果显示在计算机屏幕上,有时也作为人机交互界面,指导养鱼场工作人员的相关操作,让工作人员能够更直观地看到鱼类的活动情况。计算机视觉技术在鱼类养殖方面优势明显,尤其是利用摄像头监控技术可以实时捕捉鱼群活动的相关信息,不需要花费大量的人力、物力来关注鱼的动向和异常情况,大大减少了养殖人员的工作量[4]。

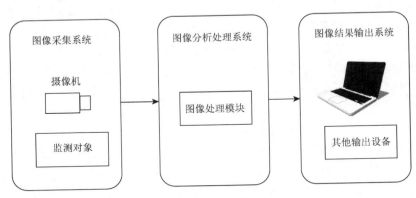

图 10-1　典型的计算机视觉系统示意图

　　为避免养殖条件等因素造成不必要的干扰,应使鱼群先充分适应循环水养殖系统中的各种养殖条件,以保证采集到的图像的成像质量。在收集图像的过程中,应用遮阳布搭在鱼池上方,这样摄像头才可以清晰地捕捉到鱼群的摄食活动。需要注意的是,由于图像采集是在循环水养殖系统上方进行的,而养殖水体又比较清澈,因此养殖池的背景颜色和鱼群的体表颜色要形成鲜明对比,这样图像的成像质量才最好。在一般的循环水养殖系统中,循环水是蓝色的,而鱼群的体表颜色是棕色的,两种颜色形成鲜明对比,所以成像质量很好。相关文献表明,鱼类更喜欢接近海洋底部的颜色,这也是循环水养殖相对于池塘养殖和网箱养殖的优势之一。如果在其他养殖条件下养殖水体混浊,可以使用过滤和去噪方法对图像进行过滤和去噪,去除浑浊水体的影响,提高鱼群的成像质量,然后再对鱼群的图像进行处理。图像采集装置的示意图如图 10-2 所示。

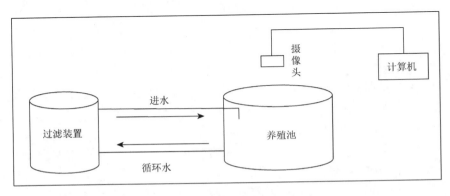

图 10-2　图像采集装置的示意图

首先采集正常流动状态的鱼群图像,然后从拍摄的图像中选择非摄食状态的鱼群图像和摄食状态的鱼群图像,进行处理和分析。使用的数据集是自制的鱼群图像库。其中有 2000 张图像(正常游动鱼群 1000 张图像,摄食鱼群 1000 张图像)。前 500 张正常游动状态和摄食鱼群的图像作为训练集,后 500 张图像作为测试集。即训练数据集中有 500 张图像,测试数据集中有 500 张图像。

质感作为人类拥有的一种重要的视觉属性,是我们生活中普遍存在的难以用语言表达的特征。而图像在任何状态下都会表现出一定的纹理特征,纹理特征是图像的固有属性。任何图像都可以具有一种纹理或几种纹理的组合。对于鱼群图像,与其他特征相比,鱼群纹理特征的信息(纹理特征向量)相对容易提取,由此可省去对鱼群活动角度、速度和旋转角度的复杂计算过程。

在从鱼群图像中提取纹理特征时,我们总是试图找到一种可以提取的特征更少、判别力更强、计算量更小的方法——纹理特征向量法。使用鱼群纹理特征向量对鱼群的摄食状态进行分类识别时,必须先对图像进行预处理,再使用灰度差分矩阵、灰度共生矩阵和高斯-马尔可夫随机场模型三种方法分别提取鱼群的纹理特征,然后综合这三种方法提取的纹理特征,使用主成分分析法(principal component analysis,PCA)提取最能代表鱼群纹理的特征向量(即对提取的特征向量进行降维),最后使用支持向量机(support vector machine,SVM)对鱼群活动状态进行分类识别,并使用网格法对 SVM 核函数的参数进行优化。由于 libsvm 软件包分类准确率高,默认参数值较多,从而免去了进一步调试,大大减少了人力和硬件资源消耗,采用网格遍历方式自动寻找最优参数,继而判断出鱼群的活动状态,达到对鱼群活动状态分类识别的目的。图 10-3 是该部分的系统流程图。

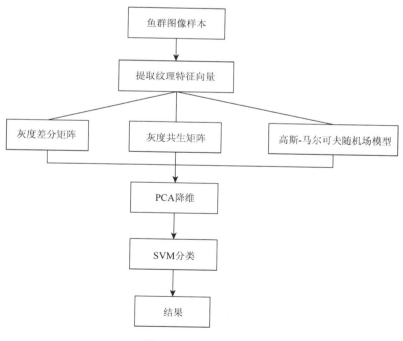

图 10-3　系统流程图

10.3　自动喂食系统

10.3.1　基于循环水养殖的智能喂食系统

随着水产养殖业的发展，越来越多的智能化养鱼系统用于鱼类生产。投饵机撒饵面积大，撒播均匀，有利于鱼类进食，能提高饵料利用率，降低饵料系数。

投饵机根据不同的分类方式可以分为多种类型。

（1）从适用范围上可分为池塘喂食器、网箱喂食器和工厂化自动饵料喂食器三种。池塘喂食器是使用最广泛的一种喂食器。由于池塘养殖用的饲料多呈颗粒状，所以投放饵料的设备通常采用电机带动转盘，利用离心力投放饵料。根据池塘的大小，投掷面积为 $10\sim50m^2$。网箱喂食器按使用条件可分为水面喂食器和深水喂食器。喂食器面积一般为 $25m^2$，投掷位置应在网箱中央，投掷面积一般控制在 $3m^2$。投饵面积过大，饵料可能会随水流喷入网箱内部或外部。深水喂食器将饵料直接运送到水面以下的位置。工厂化自动饵料喂食器一般用于温室养鱼和工厂化养鱼，可保证每次的投饵精准、少量，投放面积一般为 $1m^2$。这种喂食器可以自动联网，进行远程监控和管理[5]。

（2）从饲料的特性上可分为颗粒喂食器、粉料喂食器、面团喂食器和鲜料喂食器四大类。由于颗粒饲料的广泛应用，颗粒喂食器应用最为广泛，技术也比较成熟。粉料喂食器一般用于给鱼苗喂食。由于鱼苗的消耗量低，因此每次的喂食量必须准确。目前，粉料喂食器的应用已很少。面团喂食器主要用于龟、鳗的自动投喂，其应用范围相对较窄。鲜料喂食器主要用于以鲜鱼为食的肉食性鱼类的网箱养殖。

（3）按切割机构不同可分为牵引电磁切割机构式、皮带传动式、螺旋喂料式、偏心振动切割机构式和管道输送式五种。牵引电磁切割机构式具有结构简单、制造维修方便、价格相对便宜等特点，在养殖中应用最为广泛。皮带传动式结构也比较简单，但因为低速电机带动皮带转动，皮带容易老化，需要经常更换，所以成本比较高。螺旋喂料式主要用于定量喂料和远距离喂料，实验室和工业化养鱼使用的饵料投喂机主要采用这种类型。偏心振动切割机构式与牵引电磁切割机构式相似，这种类型的饵料投喂机必须配备低速电机来驱动偏心轮，偏心件易损坏，配件少，维护不便，成本稍高。管道输送有两种方式：螺旋喂料和利用风将饵料吹入管道中[6]。

（4）按电机转速不同分为高速电机型、低速电机型、高低速可调型三种。高速电机型多用于面积较大的鱼塘，具有速度快、抛掷距离远的优点，但同时也存在粉尘多、饵料破碎率高的缺点。低速电机型投掷距离短，主要用于小型池塘。高低速可调型应用最为广泛，可用于小型、大型池塘和鱼苗池，缺点是成本比较高[6]。

1. 槽式智能喂食系统结构

槽式工厂化养殖模式中，平铺层面积较大，为了使投喂料均匀，则必须在平铺层的中部位置也进行一定的投喂。槽式智能喂食系统的动力装置由行走、转向、定点跟踪、动力、存储和控制装置组成。在功能上，该系统主要由投饲小车、进料装置和控制系统三部分组成。投饲小车选用后置四轮驱动小车作为行走装置，通过后置垂直转向装置进行转向，利用红外传感器跟踪识别特定动力点；进料装置设有储料装置，用于称量食物、储存准备、进料；小车上的控制系统可以控制小车的运行和自动进料[5]。如图 10-4 所示，小车在槽式智能喂食系统中运行。特定的进料轨道建在水箱上方。小车在路径和相关标记的引导下向一个方向运行。加料点置于水箱末端，方便人工加料。

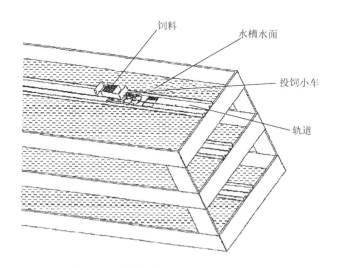

图 10-4　槽式智能喂食系统简易示意图

该系统使用小车作为行走装置。小车前部装有四对红外线管，中间的两对红外线管主要用于识别轨道上的跟踪线（黑色）。当红外线管发光时，黑色跟踪线在红外线管内反射，红外线管识别出黑线的位置，此时只需控制舵机转向即可控制小车的方向。

（1）当小车偏移跟踪线的右端，转动角度通过舵机的控制，使小车前轮转向左侧。

（2）当小车偏移跟踪线的左端，转动角度通过舵机的控制，使小车前轮转向右侧。

（3）当小车回归至跟踪线时，控制舵机的转动角度，维持直线行驶。

2. 投饲点控制

系统投饲点控制主要通过识别轨道上标记的相关投饲点来实现，当小车外端的两对红外线管识别到标记时，电机反转，送料转向机构旋转，推动送料。进料完成后，终止送料，推杆转向机构旋转，电机向前旋转并继续前进。

3. 投饲量控制

对于投饲量的控制，系统主要利用压力传感器的实时数据来判断投饲量是否合适，量在系统启动时就设定好了。当车内的饲料量小于一定重量时，就可以知道饲料已经不够充足。

10.3.2　基于小程序设定的自动喂食系统

1. 自动喂食系统的设计

1）整体框架

自动喂食系统结构如图 10-5 所示[6]。

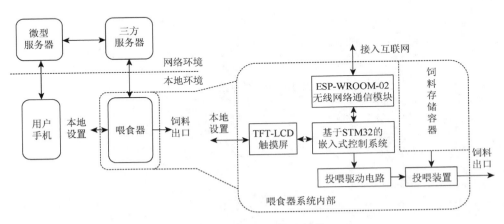

图 10-5　自动喂食系统结构

2）控制部分

自动喂食系统控制部分基于升级后的大容量 STM32F103VET6 芯片。该机型搭载 ARM Cortex-M3 处理器，具有 512kB FLASH 和 64kB RAM，足以支持 STemWin 图形用户界面（graphical user interface，GUI）的操作，非常适合移植 μC/OS-II 嵌入式实时操作系统。此外，其内核还包含 4 个 FSMC（flexible static memory controller，可变静态存储控制器）接口来控制 TFT-LCD（thin film transistor liquid crystal display，薄膜晶体管液晶显示）触摸屏和 80 多个 I/O 端口，可以轻松连接市场上常见的 TFT-LCD 触摸屏，不会影响设备 I/O 端口的电压[6]。系统上电后初始化网络模块和本地 GUI 模块，从服务器获取设备的定时任务，最后在本地注册。即使网络断开，馈线也可以读取本地缓存映射以获取电源。

3）通信部分

无线网络通信模块采用 ESP-WROOM-02 模块。基于 ESP8266EX 芯片设计开发的物联网（internet of things，IoT）模块集成了 TCP/IP 协议栈、32 位低功耗微程序控制器（microprogrammed control unit，MCU）、10 位模拟数字转换器（analog to digital converter，ADC）和通用异步接收发送设备（universal asynchronous receiver/transmitter，UART）接口、高速串行外设接口（high-speed serial peripheral interface，HSPI）、双向二线制同步串行总线（inter-integrated circuit bus，I2C）、集成电路内置音频总线（inter-IC sound，I2S）和脉宽调制（pulse width modulation，PWM）。此外，模块的长度和宽度分别只有 18mm

和 20mm，便于集成到空间有限的产品中。ESP-WROOM-02 在低功耗模式下具有出色的性能，只需 1.2mW 即可维持 Wi-Fi 连接。同时，模块还配备了 16MB 串行外设接口（serial peripheral interface，SPI）闪存，可用于存储用户程序和固件[6]。

4）机械装置部分

对于定量卸料给料机，其卸料斗必须具有准确控制卸料量的能力。因此，参考医院气闸，将双门结构料斗用于从大容器中取料，同时要确保门在两个方向。门在不同时间开启后可进行缓冲和定量回收。

2. 自动喂食系统的具体实现

1）自动喂食系统控制部分的软件实现

系统上电后，首先初始化操作系统。如果已经连接了无线网络，它会自动尝试连接，否则会等待用户通过本地配置界面连接。联网后会生成两个进程，其中一个使用 HTTP 协议访问指定的页面超文本预处理器（page hypertext preprocessor，PHP）页面，通过 GET 操作获取当前的网络时间和计划任务。之后每 5s 进入轮询状态，并随时检测任务变化。另一个进程用于判断当前时间是否为喂食时间，如果是，则按照设定的次数进行喂食。自动喂食系统控制流程如图 10-6 所示。

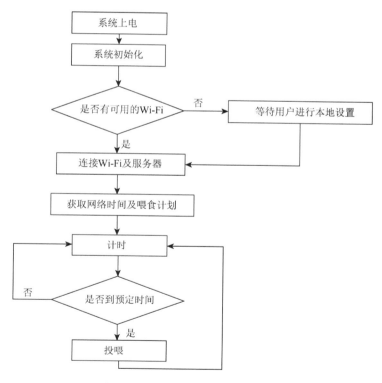

图 10-6　自动喂食系统控制流程

STM32 主控芯片和 ESP8266EX 模块由串口的"AT"字符串命令控制。系统初始化时，STM32 会发送指令让无线网络通信模块进入透传模式，即相当于直接控制芯片[6]。自动喂食系统状态流程如图 10-7 所示。

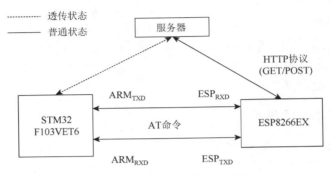

图 10-7　自动喂食系统状态流程

10.4　循环水智能控制系统

循环水智能控制系统总体分为五个部分：水循环系统、水质监测及设备控制、比例-积分-微分（proportional-integral-derivative，PID）温控系统、生物反应自循环模块和应急处理模块[4]。系统流程图如图 10-8 所示。将工厂化养殖水处理系统模块化，易于程序的编写及调试。鉴于篇幅的限制，这里只列出主要部分。

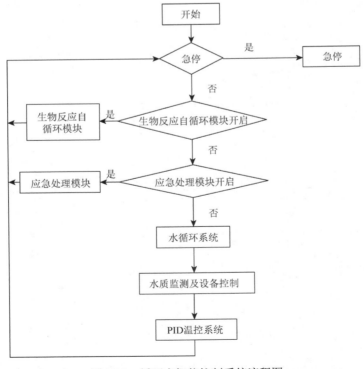

图 10-8　循环水智能控制系统流程图

10.4.1　水循环及过滤

水循环及过滤是整个循环水养殖的关键。根据控制工艺，利用可编程逻辑控制器（programmable logic controller，PLC）使养殖池污水经各级水处理设备过滤和净化，重新达到养殖标准后送回养殖池。水循环及过滤部分的运行不需要值守，两台泵的自动化运行过程作为水循环及过滤部分的自动化过程，而手动过程，除涉及两台泵的启/停以外，还包括操作生物反应器的反冲洗过程[7]。

10.4.2　水质监测及设备控制

水质监测及设备控制部分是将调配池传感器检测到的养殖水质参数（如 DO、pH、氨氮含量、NO_2^- 含量等）通过模拟量模块经 A/D 转换后传给 PLC，PLC 再根据检测到的水质数据控制相关的计量泵、增氧机和鼓风机，对养殖环境进行准确的调节和实时监控，保证养殖环境稳定可靠[3]。这里主要介绍 DO 调节子程序，如图 10-9 所示，其他各参数的控制方法与 DO 调节类似。

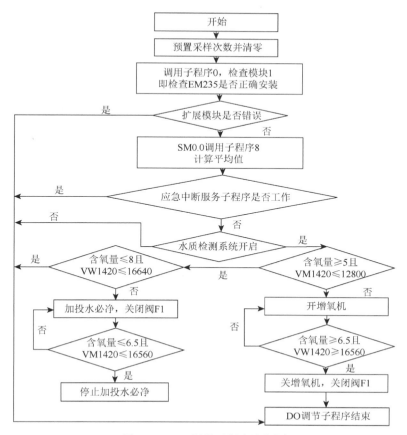

图 10-9　DO 调节子程序流程图

　　根据控制要求，DO 浓度控制在 5～8mg/L。通过溶解氧传感器将采集到的数据用 AIW2 存入 PLC 的 VW1420 地址中，并求出采样平均值，当该值大于或等于 5mg/L 时开增氧机，当该值小于或等于 8mg/L 时加投水必净，直到采样值达到中间值 6.5mg/L 时，关闭调节设备。由于溶解氧传感器量程为 0～20mg/L，而 PLC 刻度值为 0～32000（EM235 的分辨率为 12 位），因此编程时需要分两步对输入模拟量进行转换。

　　（1）采样值转换为 4～20mA 的标准电流值，即

$$I = \frac{(20-1)x}{20} + 4 \tag{10-1}$$

式中，I——DO 对应的电流值，mA；

　　　x——DO 值，mg/L。

　　（2）电流值转换为 PLC 的刻度值，即

$$y = \frac{32000}{20I} \tag{10-2}$$

式中，y——PLC 的刻度值。

　　经式（10-1）和式（10-2）计算可知，含氧量的上限为 16640，下限为 12800，中间值为 16560。

10.4.3　生物反应器

　　生物反应器是利用各种细菌把水里的氨氮、NO_2^- 等有害物质消除（细菌附着在生物滤料表面），以达到净化水质的目的，它是循环水养殖的关键[8]。图 10-10 是生物反应器自循环处理部分流程图，图 10-11 是生物反应器自循环控制系统流程图。由于生物反应器

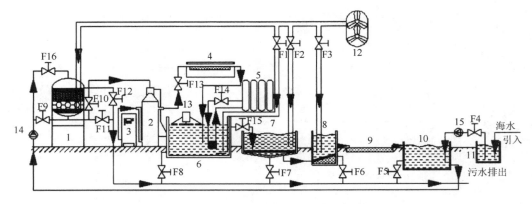

图 10-10　生物反应器自循环处理部分流程图

1-生物反应器；2-泡沫分离器；3-臭氧发生器；4-紫外线消毒水渠；5-温控系统；6-调配池；7-大菱鲆养殖池；8-一级净化池；9-水培蔬菜渠；10-蓄水池；11-人工湿地；12-鼓风机；13-增氧机；14、15-循环水泵；F1～F16-电磁阀

在使用前必须自冲洗 30～40d，接种和培养生物，使滤料上形成明胶状生物膜，因此，生物反应器循环持续 30d 后模块程序结束，并关闭所有阀门及水泵，回到启动状态[8]。

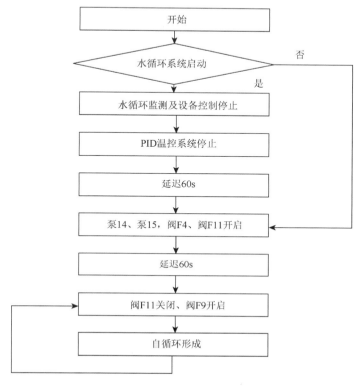

图 10-11　生物反应器自循环控制系统流程图

10.4.4　温控

温控部分是控制温度恒定的设备，将加热前后的水温用温度仪读入 PLC 进行 PID 控制，从而通过控制热交换器实现养殖池水温恒定。

10.4.5　应急处理模块

应急处理部分负责养殖池水质超过危险指标时的应急处理，主要包括对 DO、pH、H_2S 等水质指标设定的安全范围及应急措施[3]。

参 考 文 献

[1] 胡金城. 珍珠龙胆工厂化循环水养殖技术研究[D]. 天津：天津农学院，2017.

[2] 郑李仁. 水产养殖环境自动检测与控制系统[D]. 天津：天津科技大学，2013.

[3] 刘雨青，吴燕翔，吴晓栋. 工厂化养殖循环水处理控制系统的设计[J]. 科学技术与工程，2012，12（7）：1526-1530.

[4] 陈彩文. 基于计算机视觉的鱼群摄食行为分析研究[D]. 太原：太原理工大学，2017.

[5] 肖红俊. 工厂化循环水养殖智能投饲系统的设计研究[D]. 舟山：浙江海洋大学，2019.

[6] 蒲小年，戚慧珊，李智豪，等. 基于微信小程序的宠物自动喂食系统[J]. 物联网技术，2018，8（9）：79-81.

[7] 宿墨，宋奔奔，吴凡. 鲆鲽类半封闭循环水养殖系统运行效果评价[J]. 水产科技情报，2013，40（1）：27-31.

[8] 张龙，陈钊，汪鲁，等. 凡纳滨对虾循环水养殖系统应用研究[J]. 渔业现代化，2019，46（2）：7-14.

第 11 章　国内外工厂化循环水养殖系统案例

11.1　国内工厂化循环水养殖系统案例

11.1.1　鲆鲽类养殖系统

鲆鲽类养殖中的大菱鲆养殖是国内工厂化水产养殖产业里最具有代表性的产业之一。根据统计,我国 2003～2008 年鲆鲽类的养殖产量从 4.1 万 t 上升到了 8.6 万 t,其中,有一半的产量使用的是工厂化流水型养殖模式。

工厂化流水型养殖模式是从海水或者海水井中取养殖水,简单地处理之后就送入养殖系统中用于水产品的养殖,再经过一个简单的生产流程后排到海中。这种养殖模式的弊端随着养殖规模的不断扩大越来越明显,并且其运用成本较高,所以虽然其在环境和土地利用率方面有优势,但想要在国内得到大范围推广还任重道远[1]。

1. 养殖系统设计

鲆鲽类半封闭循环水养殖系统的水处理工艺是基于简洁、高效、经济、实用这几个特点来设计的,在鱼池原有的双排水工艺的基础上,增加对颗粒物去除、增氧和灭菌这 3 个环节的设计,成本不高且易于操作。如图 11-1 所示,养殖池共有 2 个出水口:上溢水经循环、水处理之后回到养殖池;池子底部的出水口在鱼池中央。补充的新水用来调节水质指标[1]。为强化水处理效果,系统的物理过滤分 3 个环节进行,系统增氧环节可以同时增加纯氧和臭氧气体。装置的整个循环过程是从出水到循环水又流回养殖池的过程[2]。

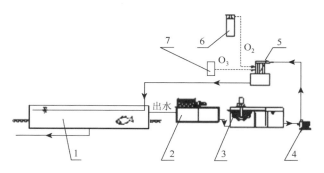

图 11-1　鲆鲽类半封闭循环水养殖系统水处理流程

1-养殖池;2-转鼓式微滤机;3-机械气浮机;4-循环泵;5-多腔喷淋式纯氧混合装置;
6-液氧罐;7-臭氧发生器

2. 养殖模式

1 年养殖期，投入 320～520g/尾的大菱鲆共 11900 尾。投喂频率为 2 次/d，喂食 1h 后换水。

3. 养殖效果分析

1）氨氮和亚硝酸盐

系统通过换水来控制水中的氨氮和 NO_2^- 含量。第一阶段的试验养殖密度为 $7kg/m^2$，系统的氨氮及 NO_2^- 浓度较低（图 11-2）。第二阶段，由于初期的日换水率（20%）比较低，所以氨氮的浓度比较高。经过调整之后，在日换水率为 20%～50%时，氨氮的浓度为 $(0.77\pm0.30)mg/L$， NO_2^- 浓度为 $(0.43\pm0.22)mg/L$。根据数据还可以得出，当养殖密度为 $10kg/m^2$ 时，日换水率应当至少保持在 30%，这样才能及时去除氨氮。第三阶段，养殖密度逐渐增加，日换水率调整到 35%，氨氮及 NO_2^- 的浓度趋于稳定，强于第二阶段。如图 11-3 所示，氨氮浓度值平均为 $(0.73\pm0.10)mg/L$，峰值为 $0.88mg/L$；NO_2^- 的浓度值平均为 $(0.67\pm0.09) mg/L$，峰值为 $0.96mg/L$[2]。

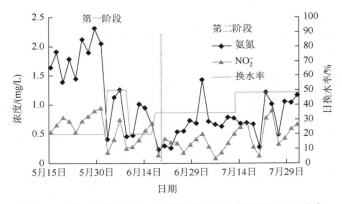

图 11-2　第一阶段和第二阶段养殖水体内氨氮及 NO_2^- 浓度

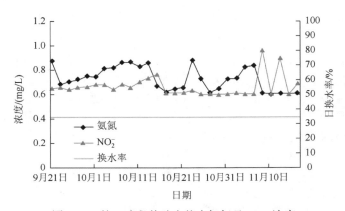

图 11-3　第三阶段养殖水体内氨氮及 NO_2^- 浓度

2）溶氧量

在试验的第一阶段和第二阶段，由于养殖密度不高，水体增氧用纯氧曝气实现，图 11-4 和图 11-5 显示了 DO 和水温情况。可以看出，第一阶段水温平均保持为 12℃，DO 浓度平均为(10.24±1.60)mg/L。随着试验的进行，牙鲆因水温过低而停止进食，试验无法再继续进行。第二阶段水温平均达到 17℃，DO 浓度平均为(10.23±2.17)mg/L。到了第三阶段，系统改用纯氧混合装置来增氧，温度为 13℃左右，进氧量为 1300 L/h。水质数据显示，DO 浓度变化范围为 7.35～13.20mg/L，均值为(10.56±1.51)mg/L，与饱和浓度接近（图 11-6）[2]。

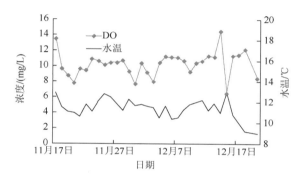

图 11-4　第一阶段养殖水体内 DO 及水温情况

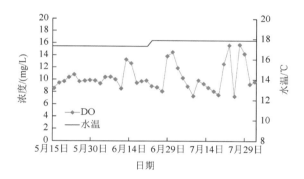

图 11-5　第二阶段养殖水体内 DO 及水温情况

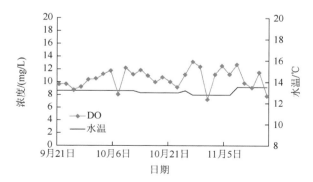

图 11-6　第三阶段养殖水体内 DO 及水温情况

3）增产增效

鲆鲽鱼类用半循环水养殖的密度可达 20kg/m² 以上，2000m² 的工厂年产量可达 28t，如果市场价为 40 元/kg，则年销售额为 112 万元，与传统流水型养殖相比年销售额提高了 50% 以上。此外，循环水养殖的饵料系数低、生长快、疾病少，能够实现全年均量上市[2]。

11.1.2　南美白对虾养殖系统

中国对虾的主要养殖品种是南美白对虾，2018 年，全国南美白对虾养殖总产量为 1760341t，占全国虾类总产量的 19.10%，并且还在逐渐增加。南美白对虾的养殖模式不断更新以及养殖密度不断增大，使得投饲量也随之加大，水质恶化加剧，南美白对虾的生长受到了严重影响。现在，大部分企业都通过大量换水的方式进行水体水质改善，但换水不仅浪费水资源，污染周边水域，而且还可能带入病原菌，造成对虾暴发疾病。所以，对高效且可持续的循环水对虾养殖模式的研究已成为热点[3]。

1. 养殖系统设计

按照有效养殖水体为 250m³ 计算，对虾养殖池是规格相同的 8 个养殖池，选择 4 个相邻的池（容量为 36m³）和循环水处理设备连接，组成循环水养殖系统（recirculating aquaculture system，RAS），即试验组；剩下的 4 个池采用室内工厂化流水养殖（indoor industrial flow-through aquaculture，IIFA），即对照组。池底使用风机增氧，DO 浓度控制在 6.0mg/L 以上。室内光照度为 1000～1500lx。系统由养殖池、水处理系统两部分组成，水处理系统包括微滤机、生物滤池、泵池、蛋白质分离器和紫外线消毒器等，系统的工艺流程图如图 11-7 所示。试验初期投入的虾苗质量为(0.006±0.001)g/尾[3]。

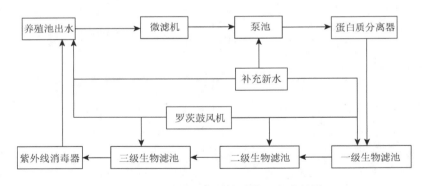

图 11-7　南美白对虾养殖系统工艺流程图

2. 养殖模式

南美白对虾试验组和对照组的初始养殖密度均为 400 尾/m³。试验组每 3h 循环 1 次水，排污 2 次/d（时间为 8:00 和 20:00），补充的水量约为 8m³；对照组第 1 周不更换水，第 2 周开始每天补充原水体水量的 3%,直到水量达到 36m³;第 3～6 周每天换水 2 次,换水量为水体总量的 20%;第 7～12 周每次换水 30%,换水时间和次数不变。试验组水处理系统中生物滤池用聚乙烯毛刷作生物填料,由现有的生物挂膜直接移植。试验组水处理系统水力停留时间设置为 3h,每天循环 8 次。共试验 85d,试验中喂食对虾配合饲料 5 次/d,分别在 6:00、10:00、14:00、18:00 和 22:00 投喂,喂食量根据对虾体重的 10% 计算,具体由实际摄食情况决定。试验组和对照组取样 3d/次,测定温度、pH、盐度和 DO 浓度;每隔 7d 定时从试验组的进出水口、试验组和对照组的养殖池各采集水样 1 次,经抽滤,进行 COD、NO_2^-、氨氮、TN 和 NO_3^- 的质量浓度检测。试验结束时,对对虾数量和总质量进行统计,并在每个池内随机抽取 50 尾对虾,测量体长和质量,得到对虾的存活、生长等数据[4]。

3. 养殖效果分析

1)养殖系统对对虾生长的影响

南美白对虾在不同养殖模式下的生长情况见表 11-1。虽然 RAS 与 IIFA 的对虾体重和生长率没有显著差异,但 RAS 的饲料转化率、存活率和产量都比 IIFA 高,说明 RAS 的养殖模式对南美白对虾产量和存活率的提高有一定促进作用[4]。

表 11-1　不同养殖模式下南美白对虾的生长情况

生长指数	IIFA	RAS
初始质量/g	0.006±0.001	0.006±0.001
最终质量/g	12.990±4.004[a]	13.105±2.941[a]
产量/(kg/m³)	3.47±0.42[a]	3.91±0.49[b]
特定生长率/(%·d)	9.03±0.13[a]	9.04±0.13[a]
存活率/%	66.90±3.80[a]	74.58±1.74[b]
饲料转化率/%	67.14±3.25[a]	70.56±3.82[b]

注:同行数据上标不同字母表示差异性显著($P<0.05$)。

研究显示,循环水养殖系统使用的蛋白质分离器和紫外线消毒器能够降低有机物和微生物的含量,但这有可能会抑制对虾的生长。因此,养殖模式对南美白对虾生长的影响较复杂,有待进一步研究。

2)养殖模式对养殖水体水质的影响

(1)COD 的变化。

试验中,各池的温度、盐度和 pH 分别保持在 28～30℃、30～32 和 7.8～8.1,DO 浓度均大于 6mg/L,两组没有显著差异。不同养殖模式养殖水体 COD 的变化如图 11-8 所示。RAS 的 COD 随时间推移略微上升,5.92mg/L 为最大值。而 IIFA 的 COD 变化较大:在 1～15d 时,COD 逐渐上升,并升至 3.42mg/L;在 15～36d 时,COD 在 1.96～3.76mg/L 范围内波动;在 37～85d 时,COD 又呈现出上升势头,最大值为 15.37mg/L[4]。

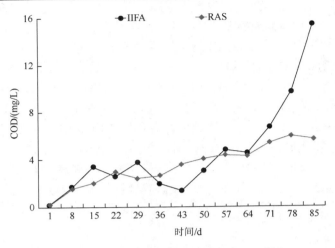

图 11-8　不同养殖模式养殖水体 COD 的变化

饲料投喂量与水体中 COD 的变化关系密切。RAS 的 COD 上升幅度比 IIFA 小，由 IIFA 的 COD 变化可以看出养殖前期换水能够调节 COD，但到了后期，饲料投喂量大幅增加，换水操作已经无法控制 COD 的增长。RAS 的循环水养殖模式能够减缓 COD 的上升速度，去除有机物，所以对水处理系统中设备的选择和优化可以提升循环水养殖系统中有机物的去除效果。

（2）无机氮以及 TN 的浓度变化。

图 11-9 为不同养殖模式养殖水体中无机氮和 TN 质量浓度的变化。RAS 的氨氮和 NO_2^- 浓度随养殖时间的推移均处于较低值，分别低于 0.60mg/L 和 1.14mg/L；NO_3^- 和 TN 浓度总体为上升趋势。IIFA 的氨氮和 NO_2^- 浓度分别在 0.20～2.90mg/L、0.19～6.97mg/L 范围内波动。由图 11-9 可看出，试验启动后，IIFA 的氨氮和 NO_2^- 浓度值均比 RAS 的大。RAS 的养殖模式对氨氮和 NO_2^- 浓度的降低效果较好。RAS 使用培养好的生物填料，使得氨氮和 NO_2^- 浓度始终维持在较低的水平，但 NO_3^- 浓度值一直增大。所以，循环水养殖模式对养殖水体水质的改善具有良好的促进作用，能提高南美白对虾的存活率[4]。

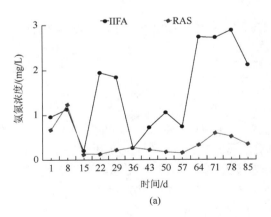

(a)

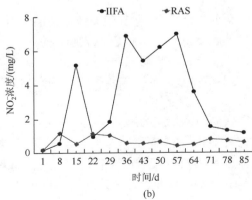

(b)

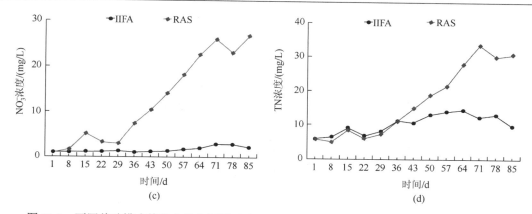

图 11-9 不同养殖模式养殖水体中氨氮（a）、NO_2^-（b）、NO_3^-（c）和 TN（d）的浓度变化

（3）养殖系统进出水口无机氮的浓度变化。

如图 11-10 所示，养殖废水经过 RAS 的水处理系统处理之后，其氨氮的浓度降低，处理后能保持在 0.03～0.60mg/L，氨氮的去除率为 23.78%～91.43%；NO_2^- 浓度有一定波动，处理后为 0.34～1.05mg/L，NO_2^- 在第 29～85d 的去除率为 0.57%～4.30%[4]。

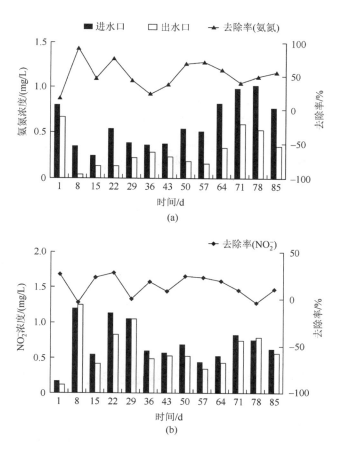

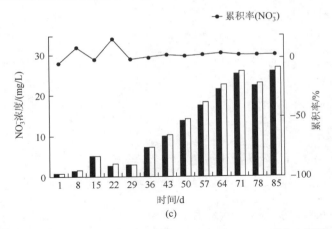

图 11-10　循环水养殖系统进出水口氨氮（a）、NO_2^-（b）和 NO_3^-（c）浓度、氨氮（a）和 NO_2^-（b）去除率以及 NO_3^-（c）累积率

　　氨氮的去除率和 NO_3^- 的累积率可以反映 RAS 水处理系统整体的硝化反应效率，衡量硝化反应效率的指标是单位时间内的 NO_3^- 生成量和氨氮消耗量。本试验中氨氮、NO_2^- 去除率和 NO_3^- 累积率最大值分别为 91.43%、27.76% 和 16.27%，整体来看，RAS 水处理系统对氨氮的去除率比对 NO_2^- 高，这与硝化反应的底物有关。虽然 NO_3^- 对对虾生长相对而言没有危害，但 NO_3^- 浓度一直增加，有可能会抑制硝化反应。RAS 水处理系统或许能够用换水或者增加反硝化设备等方式达到降低 NO_3^- 浓度的目的，从而促进硝化反应进行。除此之外，RAS 水处理系统的硝化反应效率还可能与系统的运行管理或者设计方式有关。所以，对这些因素的进一步研究对提升脱氮效果有重要影响[4]。

11.1.3　大菱鲆养殖系统

　　国内牙鲆、大菱鲆、半滑舌鳎这几种养殖品种，平均单产 $6kg/m^2$，比国内水产养殖平均水平（$10kg/m^2$）低。这些养殖水产品产量过低是由于国内的养殖业起步晚、技术水平低，养殖附近水域有较重的污染。为保护环境，增加效益，全封闭循环海水工厂化养殖的构想被提出。本节所用系统参考了国内外养殖的经验，在原有的养殖模式基础上，配置循环水净化设施、设备，用物理、化学、生物等方式净化水质，变废为宝，使水能循环利用，并增加饵料和技术管理实行高密度循环水养殖[5]。

1. 养殖系统设计

　　该系统包括砂滤池和生物滤池各 6 个，并添加了毛刷式生物滤料、滚筒式紫外线消毒器、潜水泵等，是全封闭循环系统。养殖池的底部呈波浪形，出水口位于中央，进水为对角式进水，其形成的旋流对污物的排出有益，污物经管道流入鱼池外侧的回水槽。养殖水在回流的过程中，90% 以上的粪便、残饵沉积在回水渠底和集污槽，经集污槽底的排污口排出系统。然后养殖水再由动力泵泵入砂滤池中进行砂滤，剩余的污物留在砂滤池的表面，而养殖水被压入生物滤池，在经过消毒步骤后流入养殖池，于是一个水循环完成（图 11-11）[6]。

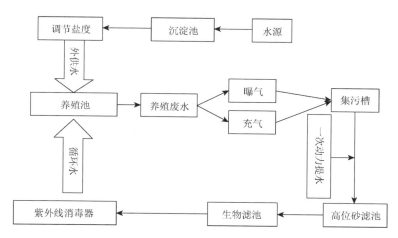

图 11-11　全封闭循环海水工厂化养殖系统示意图

2. 养殖模式

1）饲料投喂

用全价饲料向试验池和对照池进行投喂，投饵率 2%～4%，投喂频率 3～4 次/d，直至鱼长到 200g 后，投饵率减为 0.5%～1.0%，投喂频率减为 1～2 次/d。

2）试验指标控制

水温保持为 15～17℃，盐度为 28～30，pH 为 7.5～8.5，DO 浓度在 6mg/L 以上。

3. 养殖效果分析

1）鱼体质量、体长变化

与传统养殖相比，全封闭循环海水工厂化养殖系统中大菱鲆的体长和质量随时间推移呈现出同样的变化趋势（图 11-12 和图 11-13）。在养殖初期，差异在两种养殖方式上表现得并不明显，6～10 月差异变得越来越明显。全封闭循环海水工厂化养殖系统的养殖效果明显更好，比传统养殖先达到 500g/尾的上市规格，而传统养殖要晚 3～4 个月的时间[6]。

2）养殖效益

大菱鲆在全封闭循环海水工厂化养殖系统中的成活率为 93.9%，与传统养殖模式相比提高了 27.3%，11 月时部分鱼可以上市，又逢节假日，经济效益增大；全封闭循环海水工厂化养殖的大菱鲆质量比传统养殖高，平均单产也较高；只有饵料系数显著低于对照池。该循环水系统与外界环境互不影响，这减少了病害的发生，对大菱鲆的生活和生长都有益，缩短了其生长周期，养殖质量也有所提高[6]。

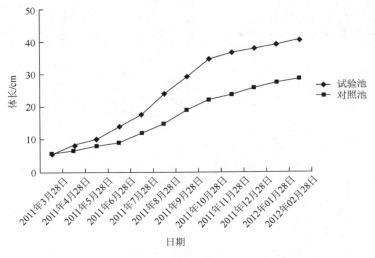

图 11-12　鱼体体长随时间变化曲线

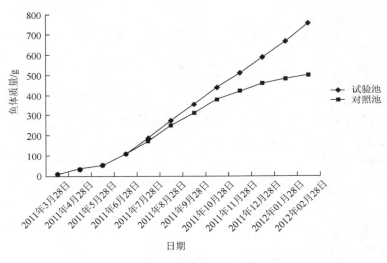

图 11-13　鱼体质量随时间变化曲线

11.1.4　海参养殖系统

现今海参在室内养殖或者育苗都使用的是静水充气模式,这种模式易导致大部分排泄物和残饵沉积,危害海参的健康。因此,对海参养殖中的污物沉积仍需进一步研究[7]。

1. 养殖系统设计

如图 11-14 所示,循环水养殖系统配备 2 个大水槽,分作上下 2 层放置,每个大水槽等分成 12 个体积相等的长方形小养殖槽。水槽每层的进水管都连接到分流管,水分别流入相对应的养殖槽内。养殖槽底有出水口,砾石铺于底层,上面铺上粗沙,水流经沙层流出，这就形成了"双层底"的结构。大水槽中央放置的是加热器，温度设定为(17±1)℃。不锈钢架下方放置的是净化槽。净化槽上层的过滤棉过滤大颗粒的物质；第二、三层为过滤主体，也是硝化细菌的附着基；大鹅卵石被放置在最下层[8]。

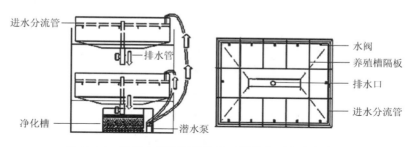

图 11-14　循环水养殖系统结构（箭头表示水流方向）

2. 养殖模式

1）海参投放

试验所用的海参质量为(0.39±0.07)g/头。在净化槽中加入硝化细菌混合液，静置一天，循环水的开启流量为 100L/h。幼参每个槽养殖 20 头，投喂搭配饲料，喂食时泵停止 6h。开始试验的 12d 内不换水，随后换水频率为 1 次/周，换水量为原水量的 2/3。试验进行 27d，每天定时取排水管处和水泵处的水，对其 NO_3^-、氨氮、NO_2^- 等指标进行测定[8]。

2）水质测定与数据分析

氨氮、NO_2^-、COD 及 DO 分别采用次溴酸盐氧化法、萘乙二胺分光光度法、碱性高锰酸钾法及碘量法进行测定；NO_3^- 则采用紫外线双波长法来测定。化学试剂纯度规格为分析纯。对测定的数据进行计算分析。

3. 养殖效果分析

1）海参生长

按 $0.47kg/m^3$ 的试验密度养殖幼参 27d，成活率为 95%。养殖期间没有发生病害，也没有使用药物，但是发现循环水养殖系统中有很多海鞘[8]，说明循环水养殖系统可以降低海鞘的附着量，这为防控海鞘提供了研究方向。

2）水质变化

养殖水体中的氨氮和 NO_2^- 是主要的有害物质，其存在形式与浓度直接影响养殖动物的健康。图 11-15 展示了养殖期间氨氮、NO_2^- 与 NO_3^- 的浓度变化。初次换水前，氨氮浓度呈现出波动上升趋势，在第 6d 为 0.19mg/L，达到最大值，随后缓慢下降。而 NO_2^- 与 NO_3^- 的浓度是一直增长的。在第 12d 换水时，NO_2^- 浓度达到最大值。换水 4d 后氨氮浓度又回升，直到下一次换水。氨氮浓度在过滤前后下降，这种现象很反常，可能是污物的腐败导致的，也可能是亚硝化细菌群落遭到破坏所导致。NO_3^- 浓度在第 2 次换水后降低明显，并且之后也呈略下降趋势，这是系统中反硝化作用的结果，或是由 NO_3^- 的积累变少所致[8]。

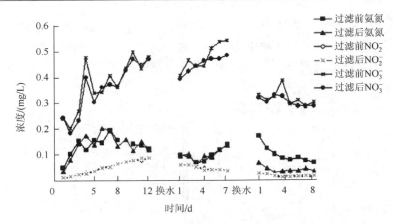

图 11-15　养殖期间过滤前后水槽中不同形态的氮浓度的变化

　　该系统的过滤槽中有陶瓷环和珊瑚砂给硝化细菌附着，同时接种了硝化细菌，能够促进建立硝化系统。试验时，COD 的值保持在 0.60～1.92mg/L，从图 11-16 中可以看出过滤前后差异不显著。DO 浓度、pH、温度分别保持为 7.28～8.24mg/L、8.1±0.1、(17±1)℃。海参在此条件下能够正常生长，说明该系统很稳定。

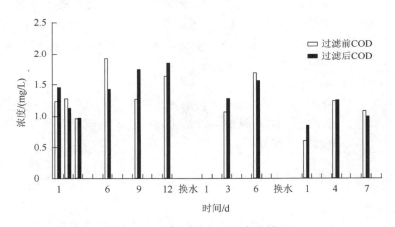

图 11-16　过滤前后 COD 变化情况

11.1.5　罗非鱼养殖系统

　　全球的水产养殖模式逐渐由传统模式向高度集约的工厂化模式发展，这样就产生了许多养殖废水。养殖废水的排放导致水环境恶化。而工厂化的循环水养殖模式可降低养殖废水对环境的影响，作为一种新型的养殖模式，其核心特征是净化养殖废水并且将水循环使用。新型陆基微循环工厂化生态养殖技术，具有集约化养殖的特点，该技术定期集中转移、转化及降解水中的污染物，在很大程度上降低了污染物对环境的影响，不仅降低了养殖成本，而且做到了节水减排[9,10]。

1. 养殖系统设计

1）养殖设备

试验池塘有 5 个，池塘面积(2000±150.6)m²，处理后的江水作为试验用水，每个池塘配备 2 台 1.5kW 的增氧机。养殖鱼种为尼罗罗非鱼，质量为(20±1.6)g/尾。

2）养殖方法

试验包括 3 个常规养殖组（对照组）和 2 个陆基微循环工厂化生态养殖组（试验组），图 11-17 为陆基微循环工厂化生态养殖系统设计图[11]。

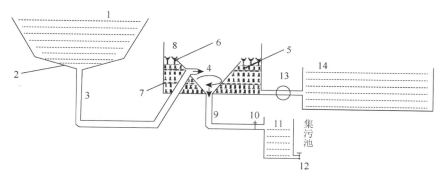

图 11-17　陆基微循环工厂化生态养殖系统设计图

1-池塘一；2-底部排污斜坡（平行方向 15°夹角）；3-排污管；4-旋流集污；5-生化环滤料；6-水生植物；7-网板；8-净化设施；
9-排污管；10-闸阀；11-集污池；12-闸阀；13-紫外线消毒；14-池塘二

2. 养殖模式

1）养殖管理

养殖投饲罗非鱼使用专用的配合饲料（粗蛋白含量占 30%），投喂频率 2 次/d，日投饵量按照罗非鱼体重的 3%设定。养殖期间，每天补充蒸发损耗的水，对照组更换少量水，试验组则进行底部排污（1 次/周），每次排污 3～5min，换水约 200m³，养殖周期为 183d。记录每个池塘的换水量、规格、投饵量、投苗量、药物使用量等。养殖结束时随机抽取称重，记录罗非鱼的总重量、随机抽样的罗非鱼规格，并且统计各个池塘罗非鱼的体重平均值、产量、饲料系数和成活率[11]。

2）水质因子的测定

每 7d 测定各水体的 DO 浓度、浊度（Tur）、透明度（Scc）、pH 和水温，每天上午固定在 9:00 采集水池 30cm 深处的水并测定其中的氨氮、NO_3^-、NO_2^-、COD、藻类、溶解性正磷酸盐（soluble reactive phosphate，SRP）等水质指标。

3. 养殖效果分析

1）养殖周期内的换水量

从表 11-2 中可以看出，罗非鱼应进行少量换水，每周一次。试验组日均换水率为

$(1.40 \pm 0.06)\%$，每周换水一次；而对照组每天都有较小的换水量，日均换水率为$(5.67 \pm 0.21)\%$。试验组比对照组少换水 7.75 万 m^3/hm^2，节水减排幅度 74.7%，差异显著[11]。

表 11-2　养殖周期内对照组和试验组池塘换水量比较

组别	换水量/(万 m^3/hm^2)	日均换水率/%	节水减排量/(万 m^3/hm^2)	节水减排幅度/%
对照组	10.37 ± 0.38	5.67 ± 0.21	—	—
试验组	$2.62 \pm 0.13^{**}$	$1.40 \pm 0.06^{**}$	7.75^{**}	74.7^{**}

注：**表示组间差异极显著。

2）养殖周期内池塘水质因子变化

由表 11-3 和表 11-4 可以看出，养殖期间，池塘水温、pH 及 NO_3^- 因子在对照组与试验组间没有太大差异，其他因子都有一定程度的差异。试验组的 Scc、DO 浓度都比对照组低，且差异明显，试验组的 Tur、SRP、氨氮浓度、NO_2^- 浓度和 COD 分别增加 37.27%、40.57%、37.37%、53.92%和 43.09%，且差异均显著[11]，说明试验组对水质因子的调节具有较高的效率。

表 11-3　养殖周期内对照组和试验组池塘水质因子变化（一）

组别	水温/℃	Scc/cm	Tur/NTU	pH	DO 浓度/(mg/L)
试验组	28.8 ± 2.9	19.73 ± 1.7	41.18 ± 11.30	6.78 ± 0.3	4.39 ± 0.7
对照组	28.8 ± 2.9	$23.36 \pm 1.3^{*}$	$25.83 \pm 9.52^{**}$	6.68 ± 0.2	$4.91 \pm 0.5^{*}$
变化幅度/%	—	17.03	−37.27	1.93	11.85

注：*表示组间差异显著，**表示组间差异极显著，下同。

表 11-4　养殖周期内对照组和试验组池塘水质因子变化（二）

组别	氨氮浓度/(mg/L)	NO_2^- 浓度/(mg/L)	NO_3^- 浓度/(mg/L)	COD/(mg/L)	SRP/(mg/L)
试验组	0.97 ± 0.04	0.080 ± 0.030	2.84 ± 1.96	12.93 ± 2.31	1.75 ± 0.62
对照组	$0.61 \pm 0.06^{**}$	$0.037 \pm 0.002^{**}$	2.75 ± 2.01	$7.53 \pm 2.64^{**}$	$1.04 \pm 0.31^{**}$
变化幅度/%	−37.37	−53.92		−43.09	−40.57

3）养殖生长特性和效益分析

由表 11-5 可以看出，初始时试验组与对照组罗非鱼的放养规格和密度无差异，但在试验结束后，试验组与对照组比较，试验组的规格提高了 13.8%，生长速度加快了 14.4%，且饲料系数减小了 12.3%，差异显著；净产量增加了 38.7%，差异极显著。陆基微循环工厂化生态养殖建设花费 0.45 万元/hm^2，平均年折旧费 0.15 万元/hm^2。试验组净增值 1.4397 万元/hm^2 [11]。这显示出陆基微循环工厂化生态养殖技术能够明显提升养殖效益，是高效的健康养殖技术。

表 11-5　对照组与试验组罗非鱼生长特性比较结果

组别	池塘面积/(m²/个)	放养规格/(g/尾)	放养密度/(kg/m²)	出池规格/(g/尾)	净产量/(kg/hm²)	生长速度/(g/d)	饲料系数
对照组	1983±113	20±1.6	0.19±0.02	542±11	38609±1053	2.85±0.02	1.46±0.2
试验组	2054±162	20±1.6	0.21±0.03	617±26	53550±1437	3.26±0.02	1.28±0.1
变化幅度%	—	—	—	13.8*	38.7**	14.4*	−12.3*

11.1.6　石斑鱼养殖系统

工厂化循环水养殖用的是半自动或全自动的系统，一方面是因为高密度养殖的过程需要实行监管、控制，保证养殖品种在最佳环境下生长；另一方面是因为可以用技术手段对尾水做净化处理以循环使用，缓解渔业和环境两方面的压力，摆脱季节和资源的限制[10]。

为提高工厂化循环水养殖水处理系统的稳定性，提升水质净化的效率，构建间歇式双循环工厂化养殖系统。系统机械过滤与生物过滤共同进行，构成双循环运行模式，通过生物膜反应器的间歇式运行充分地降解污染物，通过连续弧形筛除去固体颗粒物。本节利用该系统进行虎龙斑的高密度养殖，观察养殖过程中的水质变化、生物膜及石斑鱼的生长状况，并对系统的养殖效果进行评价[10]。

1. 养殖系统设计

间歇式双循环工厂化养殖系统示意图如图 11-18 所示，因为不利用高程差，所以水泵有多个。系统中主要有养殖桶、生物膜反应器、弧形筛、调节池及紫外线灭菌灯。运行模式为全自动模式，液位继电器控制调节池、养殖桶及生物膜反应器的进出水，时间继电器控制生物膜反应器曝气、沉淀的时间。循环线路上的生物膜反应器以 6h 为周期运行，循环频率为 4 次/d；循环线路二的弧形筛不间断运行[12]。

2. 养殖模式

1）石斑鱼投喂方法

选择合适的饵料，投喂频率 1 次/d，投喂量根据摄食情况确定；固定在每天早上 8:00～8:30 投喂，饵料多次缓慢投洒，等鱼抢食完之后再投喂，直至不再进食为止。

2）数据采集

每天早上，在投喂之前分别测量养殖桶、生物膜反应器的水温、DO 浓度、pH，以确定培养水的浊度；每 2d（投喂前）取水样，测量同一周期内生物膜反应器的进出水量，以及培养桶进出水的氨氮、NO_3^-、NO_2^- 和 COD_{Mn} 浓度；每 7d 取挂膜填料察看生物膜的状态；每月称量石斑鱼（随机选取 20 条称重后计算平均体重），计算质量增长率、同比增长率、饲料系数[12]。

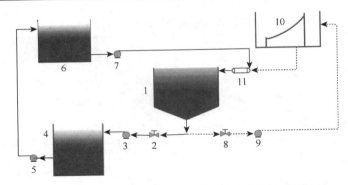

图 11-18 间歇式双循环工厂化养殖系统示意图

1-养殖桶；2、8-球阀；3、5、7、9-水泵；4-生物膜反应器；6-调节池；10-弧形筛；11-紫外线灭菌灯。循环线路-（实线）：养殖桶（1）—生物膜反应器（4）—调节池（6）—紫外线灭菌灯（11）—养殖桶（1）。循环线路二（虚线）：养殖桶（1）—弧形筛（10）—紫外线灭菌灯（11）—养殖桶（1）

3. 养殖效果分析

1）养殖水质分析

水产养殖密度和循环水水质有一定的耦合关系。单循环运行方式的养殖密度为 $28.65 \sim 49.90 \text{kg/m}^3$，出水能保持氨氮浓度小于 0.2 mg/L 并且 NO_2^- 浓度小于 0.5mg/L。循环水养殖的美洲红鲤鱼和罗非鱼也出现 NO_3^- 累积现象，其养殖水体的 NO_3^- 浓度分别达到了 63.58mg/L 和 $70 \sim 100 \text{mg/L}$。本试验采用双循环方式，其水力停留时间长，反应器硝化完全，当养殖密度最终为 60.78kg/m^3 时，出水氨氮、NO_2^- 浓度均能够稳定在 $0.05 \sim 0.10 \text{mg/L}$，水质净化得到改善[12]。

2）石斑鱼生长指标

石斑鱼养殖期间质量及养殖密度的变化见表 11-5，历经 66d 的养殖过程，石斑鱼的平均质量从 $(273.00 \pm 12.22) \text{g}$ 增长到 $(552.52 \pm 107.04) \text{g}$，成活率达到 100%。66d 的养殖结束时，养殖密度为 60.78kg/m^3，石斑鱼的质量增长率为 102.39%，同比增长率为 1.068，饲养系数为 1.288。在石斑鱼间歇式双循环工厂化养殖系统中放养密度为 5kg/m^3，池塘饲养的赤点石斑鱼的放养密度为 0.08kg/m^3。循环水养殖的鞍带石斑鱼放养密度可达 12.7kg/m^3，最大能达到 32.5kg/m^3。在封闭式循环水养殖系统中，点带石斑鱼的养殖密度最大能达到 30kg/m^3，所以工厂化循环水养殖模式具有高密度养殖的优势。一般情况下，工厂化循环水养殖模式连续运行时养殖密度可达 $28.65 \sim 49.90 \text{kg/m}^3$，成活率为 90%～100%。本试验搭建的提升水处理效率之后的双循环间歇式系统，最初养殖密度为 30.03kg/m^3，最大能达到 60.78kg/m^3，成活率为 100%，养殖生物负荷能力和成活率较高[10]。

表 11-6　石斑鱼质量及养殖密度随时间的变化

养殖时间/d	平均质量/g	养殖密度/(kg/m³)
1	273.00±12.22	30.03
35	400.98±62.21	44.11
66	552.52±107.04	60.78

11.1.7　中华鲟养殖系统

中华鲟属于鲟科鲟属，以个体大、生长快、寿命长著称，是国家一级野生保护动物。中华鲟曾经是长江上游的重要渔获物，但受水利工程建设、水污染、过度捕捞等影响，中华鲟自然种群的数量呈逐年下降趋势。

1. 养殖系统设计

1）系统的构成及工艺设计

中华鲟苗种工厂化养殖系统由养殖容器和配套设施组成。根据中华鲟幼苗的生长发育特征，中华鲟幼苗（体长 10cm）的培育分为两个阶段，采用不同的容器培养。辅助设施包括供水、充氧、温度调节和生物饲料提供设施。其中，养殖容器、曝气器、生物饵料池布置在 60m×60m 的车间内，车间外为其他辅助设施。养殖系统总体组成及工艺流程如图 11-19 所示[12]。

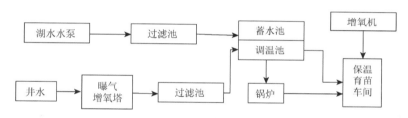

图 11-19　中华鲟苗种工厂化养殖系统组成及工艺流程

2）系统特点

中华鲟苗种工厂化养殖系统对制约育种效果的关键因素采取多种协调处理的方案。当某一设施发生故障时，其他设施仍能够给系统一定的支撑，以便提高系统运行的可靠性和稳定性。另外，在设计整个系统时，做到了使单个措施能在多个环节发挥作用，整个系统的运行效率有所提高。该系统的另一个特点是施工方便，经济实用，节省投资[12]。该系统使用国内常见的材料和设备，生产工艺简单，建设成本只有国外同类系统的 1/3，与国内相比节省了 50% 以上的投资，但养殖效果相差不多，适合多种鱼种的生产，用途广泛。

2. 养殖模式

1）养殖水温

养殖系统水温采用多种控制方案：一是利用深井水恒温（18℃）的特点，将深井水作为主要水源用于鱼种生产，天然湖水作为额外水源。二是苗圃车间的建设采用保温设计。苗圃车间为节省建设投资，采用轻钢结构和简易塑料棚顶，冬季保温性能较差。因此，在棚顶下加了一层 2cm 厚的保温泡沫板，以提升车间保温效果。三是为饲养系统配置容重为 2t 的热水锅炉。在制种高峰期深井水不足时，可利用锅炉辅助温控池水温升高，这个过程由一组水温系统控制。同时，在车间内放置加热管和散热器。当温度很低时，车间内部温度会升高并维持，这将有助于保证养殖容器的水温不变。通过以上一系列措施的充分应用，该系统在冬季基本可以将养殖容器的水温保持在 18～22℃，日变化幅度通常不超过 2℃，节省了电力消耗[12]。

2）养殖水质

对养殖水质实施下列保障措施：第一，保证水源质量良好，处理水源时要过滤和增氧，深井水在处理后要用石英砂过滤，去除被氧化的重金属盐，而湖水直接进入过滤塔过滤。第二，在养殖系统的容器结构和给排水工艺设计中，采取能提升水体自净效果的方案。系统在保证给水量的前提下，容器内形成环流，既能够满足不同发育阶段苗种对水流流速的需要，也能使污物随环流向排污口聚集，及时和自动地排出大部分污物，使水质一直保持良好状况。第三，采用螺旋增氧机和气石增氧方式不仅可增氧，还能保持容器底形成部分上升流，避免污物沉积。

3. 养殖效果分析

1）养殖效果

中华鲟苗种工厂化养殖系统年产 5.24 万～48.06 万尾体长 10cm 左右的幼鲟，自 2000 年以来，每年可养殖 48.46 万尾体长 10cm 的幼鲟，成活率达 80.2%～91.6%。在春夏等非中华鲟生产季节，该系统也用于其他鱼类的生产，特别是珍稀濒危物种和经济价值鱼类，包括鲟、杂交鲟、鲴鱼、鲱鱼、黄鲟鲇鱼、大嘴鲇鱼、鲇鱼和长鼻鲇鱼，其成活率均达到 80%以上。

由于场地条件和资金有限，该系统当前没有相应的循环水处理系统或相应的亲鱼池，使得冬季生产能耗比较高，未充分发挥系统的年生产效益[12]。

2）结论

自"十一五"对海水工厂化养殖进行规划以来，工厂化养殖正朝着增加单产和效益、节能减排的养殖模式发展。优化后的养殖模式，能达到单产 $30kg/m^2$ 以上，经济效益显著提高，且在水处理方面更有效，能减少生态环境的污染，对海水养殖模式的改变有重要意义。循环水养殖比流水开放式养殖单产高 3 倍以上，并且节能环保[13]。所以，循环水养殖具有推广价值。

11.1.8　半滑舌鳎养殖系统

半滑舌鳎属于百合目舌鳎科舌鳎属，俗称龙利、鳎米、鳎目、牛舌头，是我国常见的近海床大型经济鱼类。半滑舌鳎活动范围小，以底栖虾蟹为主要饵料。它是一种低级肉食性鱼类，是繁殖、放流和人工繁殖的最佳鱼类之一[14]。

封闭式循环水养殖是使养殖排放水经曝气、灭菌消毒、物理过滤、生物过滤等处理之后，再循环使用的养殖模式[15]。国内的循环水养殖暂时达不到国外水平，但是近些年国内的循环水养殖技术也有了进步。本节将展示一套全封闭式循环水养殖系统养殖半滑舌鳎的案例。

1. 养殖系统设计

1）养殖系统

工厂化循环水养殖系统针对养殖中有害物质的去除进行了相应的设计,能够通过设备去除这些有害物质(如颗粒物、NO_2^-、氨氮和细菌等),同时还考虑了水体增氧。该系统的设备及工艺流程如图 11-20 所示。设计半滑舌鳎养殖生产为期 8 个月,产量 45t,达到 $45kg/m^3$ 的养殖密度。

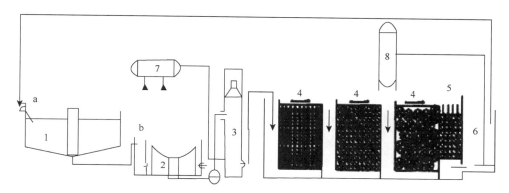

图 11-20　养殖系统设备及工艺流程

1-养殖池；2-弧形筛；3-蛋白质分离器；4-生物滤池；5-曝气池；6-紫外消毒池；7-臭氧发生器；8-液氧站。
a-进水取水样处；b-出水取水样处

2）养殖池

依照养殖系统来对总产量和平均养殖密度进行设计,计算得出系统所需养殖水量为 $1000m^3$,方形养殖池构建 28 个,其中 26 个作为常用养殖池,2 个备用,每个池水量为 $40m^3$。

2. 养殖模式

1）鱼苗投放

2 月分批投放 33073 尾 0.305kg/尾的半滑舌鳎,总质量为 10087.27kg,养殖密度 32 尾/m^3。循环水养殖场所放养 21 万尾,体重平均 1.7g/尾。鱼苗养到中期,筛选除去雄性体,选用雌性体 8.4 万尾,直至养成。

2）日常测定

在试验期内,每隔 5d 随机选择 3 个鱼池取样,取样时间为 7:00,进行温度、pH、DO 浓度的测定,并取平均值作为指标。以同样频率取样测定氨氮和 NO_2^-,取样位置见图 11-20 中标记的 a、b 两处。图 11-20 中 a、b 两处细菌、弧菌数量的测定为每 10d 一次。

3. 养殖效果分析

1）养殖系统温度、pH、DO 浓度

半滑舌鳎养殖温度最好为 16～22℃,根据经验得出,21～23℃时的饵料系数是最低的,环境温度每升高或降低 1℃,就会增加 10% 的饵料系数。冬季系统采用蒸汽加温,添加深井水为夏季降温方式，水温保持在 18～21℃。pH 能一直稳定在 7.0～8.0。养殖池内的 DO 浓度一直较高，最高为 7.7mg/L，最低为 6.6mg/L[14]。

2）水处理系统氨氮、亚硝酸盐去除效果

氨氮富集是高密度养殖模式无法增产的限制因素之一。养殖鱼体内的氨氮浓度太高会导致其出现惊厥、抽搐甚至死亡，高浓度的 NO_2^- 也会导致其死亡[16]。观察图 11-21 可知，出水与进水氨氮浓度差异明显（$P<0.05$）。养殖池出水的氨氮浓度为 0.140～0.417mg/L。通过系统的处理，进水氨氮浓度能保持在 0.017～0.178mg/L。观察图 11-22 可以看出，在 49 次取样中，只有 11 次检测结果差异不显著（$P>0.05$），其余差异都显著（$P<0.05$）。试验期间出水的 NO_2^- 浓度最高为 0.069mg/L，最低为 0.016mg/L；进水 NO_2^- 浓度最低为 0.012mg/L，最高为 0.064mg/L[17]。

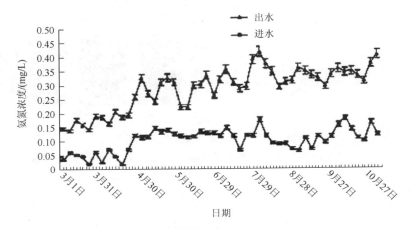

图 11-21　养殖池出水和进水氨氮浓度比较

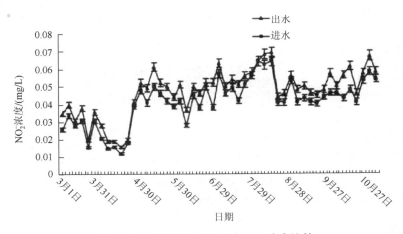

图 11-22　养殖池出水和进水 NO_2^- 浓度比较

3）养殖效果

半滑舌鳎投放 33073 尾，规格为 0.305kg/尾，质量共 10087.27kg，养殖共消耗饲料

34511kg，饵料系数为 1.1。养殖鱼死亡 300 余尾，有 300 余尾烂尾、烂边鱼，最后剩余完好的鱼 32411 尾，成活率为 98%，称重 41469kg，净产量达到 31381.73kg[14]。

11.1.9　鲍鱼养殖系统

皱纹盘鲍是一种大型海洋腹足动物，具有较高的营养价值和市场价格，是我国主要的海水养殖品种之一。随着捕捞技术和鲍鱼养殖技术水平的提高，近年来，我国沿海省份工厂化陆鲍养殖因具有养殖密度高、生长速度快、繁殖周期短、管理方便等特点，迅速发展成为一种新产业。然而，伴随着这种快速发展，其负面影响也越来越明显。露天养殖换水量大，鲍鱼养殖废水未经处理就直接排入大海，造成近海污染，养殖环境恶化，病害多发。此外，中国北方黄渤海沿岸主要鲍鱼软盘产区，每年冬季水温偏低，导致鲍的生长放缓和幼鲍的高死亡率。为了解决这个问题，室内工厂化养殖鲍鱼过程中通常需要在冬季进行温度处理，但这会花费大量精力来提高水温。为了减少养殖废水的排放，降低流水养殖的能耗，提高养殖密度，本节设计了多层抽屉式循环养殖系统。其中，多层抽屉式养鲍箱采用多层养殖空间，单位水体养殖密度高，需水量小。同时，本节还研究了这种养殖方式下水质指标的变化以及抽屉式养鲍箱中不同养殖密度对幼鲍生长的影响，为其高效养殖提供了一定的试验依据[15]。

1. 养殖系统设计

1）多层抽屉式循环水养殖系统

（1）养殖系统组成及循环水流程。

图 11-23 为试验使用的鲍循环水养殖系统，包括多层抽屉式养鲍箱、管壳式紫外线消毒机、沉淀池、制氧机、微滤机、泡沫分离器、生物滤器、海水热泵、氧/水混合溶解机、

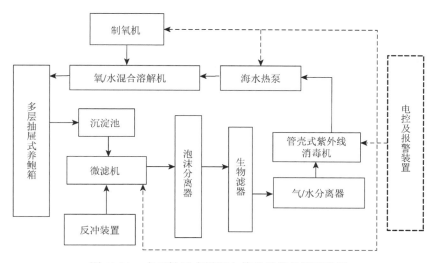

图 11-23　多层抽屉式循环水养殖系统各部示意图

实线-水流方向；虚线-电子控制仪器

电控及报警装置等。养鲍箱中的部分水排入沉淀池，由循环泵将沉淀池内海水泵入微滤机中过滤，过滤后的海水先流入泡沫分离器中分离，再经生物滤器氧化、管壳式紫外线消毒机灭菌消毒、热泵调温，然后经溶解机增氧之后流回鱼池[18]。

（2）多层抽屉式养鲍箱。

多层抽屉式养鲍箱是一种柜式养殖容器，由10个可自下而上滑动的抽屉组成（图11-24）。每个抽屉的尺寸为70cm×40cm×10cm，可容纳20L水，每3个抽屉串联组成一个循环组，多个循环组并联组成一个多层抽屉式养鲍箱。3个抽屉串联后，海水从上抽屉的前端进入抽屉，然后向后流动，从后面的水位溢流管流入中间抽屉，再从中间抽屉流到下抽屉的前端。下抽屉末端装有滤网、溢流挡板和3个排水孔，最终养殖废水通过排水孔直接流入沉淀池[18]。

图 11-24　多层抽屉式养鲍箱

根据多层抽屉式养鲍箱的结构和鲍鱼幼仔习性的特点，本试验采用锥形鲍鱼附着底座。锥形底座的顶部和底部都有孔，因此幼鲍可以自由进出。锥形底座下部直径为(10.0±1.0)cm，高度为(5.0±1.0)cm[18]。

2. 养殖模式

1）试验鲍和方法

试验养殖用水来自沉积砂过滤后的海水。海水天然盐度为30.8‰，pH为7.56～7.80，平均水温为4.1℃。试验前，海水应在循环水鲍鱼养殖系统中处理20d，以使水质指标稳定。达到幼鲍生长条件后，随机抽取4000只健康有活力的幼鲍，并均匀放置在每个抽屉中养殖7d，以使其适应养殖环境。7d后，选择2250只壳长、体重相近的幼鲍，通过预检，按规定的5个密度组（A组＝50只/抽屉，B组＝100只/抽屉，C组＝150只/抽屉，D组＝200只/抽屉，E组＝250只/抽屉）放入抽屉式鲍鱼养殖箱中。每组重复3次。测得鲍鱼的初始平均壳长为(20.97±0.41)mm，初始平均体重为(1.06±0.09)g。每 2d

喂一次饵料（喂食时间为 15:00 左右），试验鲍鱼喂食盐渍海带和干海带，每餐前用海水浸泡。根据以往的试验结果，投喂量以鲍鱼幼体体重的 5%为基准，保证饵料充足，每天添加 3%～5%的淡水，以弥补养殖用水因废水排放的损失。其间对死鲍按时清理登记，试验时间为 105d。在试验结束时，测量鲍鱼壳的长度和鲍鱼的质量，并计算成活率[18]。试验期间设备的能耗按照各设备的功率、工作时间和试验水体占养殖水体的百分比计算。

3. 养殖效果分析

1）养殖密度对幼鲍生长的影响

本节在封闭循环海水条件下，采用多层抽屉式循环水养殖系统对鲍鱼幼体进行 105d 的养殖，分析了 5 种不同养殖密度对幼鲍生长的影响。当幼鲍养殖密度小于 100 只/抽屉时，成活率为 100%。当养殖密度为 150 只/抽屉、200 只/抽屉和 250 只/抽屉时，成活率分别为 98.7%、97.8%和 93.1%，说明幼鲍死亡率随养殖密度增加而增加。

图 11-25 显示了幼鲍试验前后质量的变化。从图 11-25（a）中能够看出，幼鲍在试验结束时的壳长日增长量为 B 组＞C 组＞A 组＞D 组＞E 组。由方差分析得出，A 组、B 组和 C 组的壳长日增长量差异不明显（$P > 0.05$），但均高于 D 组和 E 组（$P < 0.05$）。图 11-25（b）为幼鲍的体重增长率。A～E 组体重增长率增加，分别为 153.33%、154.95%、149.06%、141.57%和 123.37%。方差分析表明，养殖密度不超过 150 只/抽屉的 3 组体重增长率差异不显著。D 组与 C 组的体重增长率无显著差异（$P > 0.05$），E 组的体重增长率最低。这表示，每个抽屉 250 只鲍鱼的养殖密度对 20mm 长鲍鱼的生长和体重增加有一定的抑制作用，而每个抽屉 50～150 只鲍鱼的生长指数无显著差异，且优于其他高密度组鲍鱼，因此认为，150 只/抽屉是该系统中合适的养殖密度[18]。

2）多层抽屉式循环水养殖系统水质变化

如图 11-26 所示，试验期水温为 14.3～19.5℃，DO 浓度为 7.48～8.50mg/L，均值为 (7.96±0.28)mg/L。盐度的均值为 31.90‰±0.85‰(30.20‰～33.80‰)，pH 的均值为 7.89± 0.17(7.45～8.15)，盐度值上升缓慢，而 pH 稍有下降。氨氮的浓度一开始表现为缓慢上升，

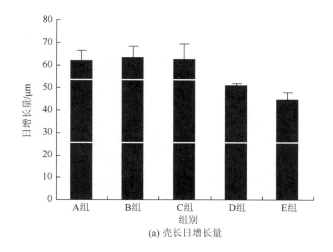

(a) 壳长日增长量

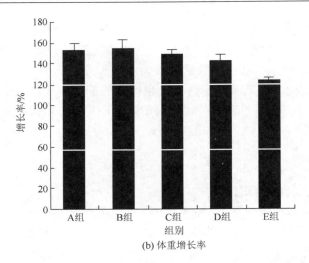

(b) 体重增长率

图 11-25　不同养殖密度下幼鲍的壳长日增长量和体重增长率

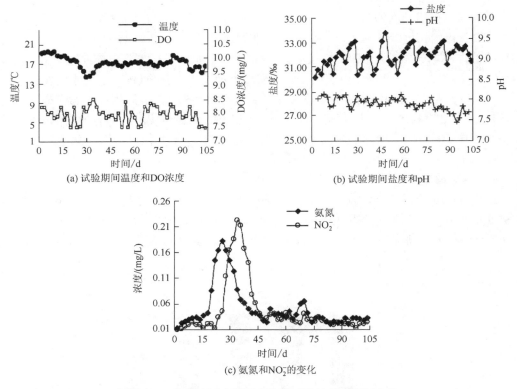

图 11-26　多层抽屉式循环水养殖系统的水质指标变化

在第 26d 达到 0.182mg/L 的最高值, 之后开始下降, 但是稳定在 0.023~0.065mg/L。NO_2^- 浓度从一开始的 0.01~0.02mg/L 上升到第 32d 的最高值 0.221mg/L, 之后降至 0.014~0.041mg/L[18]。

3）幼鲍的生长情况及养殖装置的效率

本试验采用抽屉式培养容器,抽屉内已放置锥形附件以增加空间。该养殖方法养殖的幼鲍壳长日增长量为 44.66～63.17μm,体重增长率为 123.37%～154.95%,成活率达 93.1%～100%。这一结果表明,幼鲍在抽屉式条件下的生长在正常范围内,鲍鱼的生长速度与养殖环境、摄入的藻类种类、个体大小和养殖密度等因素有关。本节研究了 5 种养殖密度下抽屉式培养方法的养殖效果。结果表明,当养殖密度达到 200 只/抽屉以上时,幼鲍壳长日生长量随着密度的增加而显著下降,当密度达到 250 只/抽屉时,幼鲍体重增长率显著下降,这表现在生长缓慢和死亡率增加上。其原因为养殖密度过大会导致生物产生生理性应激反应,摄食量下降,对环境敏感性增强,且因相互拥挤损伤而进行的修复活动所需的能量也增加[15]。

目前我国室内流水鲍鱼养殖密度一般为 800～1200 只/m³,多层抽屉式循环水养殖模式每 20L 水可养殖 150 只鲍鱼,即 7500 只/m³ 的养殖密度。与室内流水鲍鱼养殖方式相比,多层抽屉式循环水养殖模式可增加 6～9 倍的养殖密度,大大提高了鲍鱼苗的养殖效率[18]。

11.2　国外工厂化循环水养殖系统案例

11.2.1　美国

二十世纪六七十年代美国就在工厂化养殖方面迅速发展,其虹鳟主要以冷流水养殖,条纹鲈、黑斑石首鱼实现了大规模的工厂化养殖。2000 年,工厂化养殖项目被列为美国"十大最佳投资项目之一"。美国有一种具有生产特色的养鱼方式,称为"鱼菜共生"。鱼菜共生系统主要生产罗非鱼(养殖密度为 50kg/m³),即在养殖系统中种植生菜,种植周期为一年十次,该系统试验地点在亚利桑那州。

美国主要研究鲑鳟类冷水性鱼和罗非鱼等温水性鱼这两种鱼类的工厂化循环水养殖技术,其对这两种鱼类的研究和应用始终处于较高的水平。美国的工厂化循环水养殖系统按技术路线可以分为两种:集成各种水处理设备的高集成度循环水养殖系统和简化水处理设备并采用简单的处理方式以获得较高经济效益的经济型循环水养殖系统。这两种系统技术路线差异明显,前者是在美国北部,以大学和研究所为代表进行研究,后者则是在美国南部,以大学教授和博士为代表进行研究[19]。其中具有代表性的有生物絮团循环水养殖系统。生物絮团循环水养殖系统主要用于虾类的养殖,养殖池使用的是跑道式模式,且只配备一些物理设备,如压力式砂滤罐、泡沫分离器和沉淀池等。试验结果显示,在试验的过程中,该系统水体中的氨氮和 NO_2^- 浓度被控制在合理范围内,系统能够稳定运行。

11.2.2　丹麦

丹麦国土面积小,水资源相对比较匮乏,这对丹麦的水产养殖废物排放提出了很高的要求。因此，丹麦制定了很多保护水资源的法律法规[20]。由于严格的环境立法，传统的流水式水产养殖系统被要求关闭，于是丹麦的一些研究机构和公司研究并提出了循环水养殖系统的概念[21]。丹麦是最早一批实施循环水养殖的欧洲国家。

丹麦对开放式循环水养殖技术实践多年，形成了全套的养殖模式：一是采用机械、物理方式，利用格栅、微筛等截留和去除微粒物；二是采用生物格栅方式，利用生物滤池、生态湿地、污泥池（塘）等去除水中的可溶性物质，经净化和处理过的水能够重复循环使用，这样就只需要补充少量的水。丹麦典型的开放式循环水养殖场，由传统池塘改造而成，改造后养殖产量和利润都可以增加约 4 倍[20]。

丹麦的室外半封闭式循环水养殖系统，主要用于鳟鱼的生产。封闭式循环水/深海网箱养殖模式的代表：特隆赫姆的全封闭式循环水大西洋鲑育苗场在 2013 年落成，是当时世界上最为先进的循环水养殖场；三文鱼苗种的成长之所——深海网箱，扎根于北欧清新洁净的天然海域。

11.2.3　挪威

与丹麦相似，挪威也是欧洲最早一批实施循环水养殖的国家。挪威十分重视渔业研究，这也是它能成为渔业强国的原因。迄今，挪威对渔业的研究仍涉及水产养殖、渔业资源、渔业经济以及生物技术等多个领域。其在养殖大西洋鲑方面具有举足轻重的地位，大西洋鲑养殖从以循环水养殖与离岸养殖结合为主，逐渐向使用新的养殖方法、养殖技术发展[22]。不管是陆基循环水养殖模式还是海水网箱养殖模式，挪威均有涉及，在当地各种类别的养殖场或者加工厂中，随处可见配套完善的机械设备。陆基循环水养殖模式在挪威主要是用于大西洋鲑的孵化、育苗和小规格的苗种养殖，以及经驯化的苗种的大规格养殖，其养殖场所一般可分为两种：室内循环水养殖车间和室外陆基养殖基地。

由于挪威具备较好的环境条件，所以网箱式养殖是挪威养殖大西洋鲑的主要模式。网箱一般放置在岛屿的周边或峡湾里，这些场所可以保证良好的水质，并且受自然灾害的影响较小。挪威对网箱的研发能力不容小觑，Midgard 海洋养殖网箱在挪威北部、法罗群岛等地有一千多套被使用。该网箱具有先进的设计理念，以及极其可靠的功能，无论是在哪种环境条件下，都能保持稳定良好的状态[18]。

11.2.4　荷兰

荷兰从 1985 年开始用循环水养殖技术养殖欧洲鳗鲡和非洲鲇这两种暖水性鱼类。荷兰的室内循环水养殖系统主要用于生产淡水品种的非洲鲇鱼和鳗鱼。荷兰创新开发的上流式沉淀物污泥床脱硝反应器是一种厌氧（无游离氧）反应器。该反应器与传统的循环水养殖系统相比，减少了为降低 NO_3^- 浓度而使用的水量，并将硝态氮的排放量降低，这使得其对能量的消耗也相应地减少。之后一些公司对该反应器做了改善，废物的排放减少，需氧量、COD、CO_2 以及总溶解性固体都有一定程度的减少。但其也存在不足，其初期的投入过高，而且系统在运行时需要专业人员来操作，系统中也会有总溶解性固体的累积[23]。

11.2.5　日本

直到 20 世纪 60 年代末，国际上才开始出现循环水养殖系统，其中日本对鳗鱼的生产非常具有代表性。其使用的养殖系统为生物包净水和欧洲组装式多级净水系统。2000 年，日本推出国内研制的闭合循环水产养殖系统，该系统的核心技术是"内脏型硝化菌反应器"，该反应器能完美地体现技术的特色和优势。系统由多个部件构成，如一级硝化处理槽、全自动悬浮物（suspended substance，SS）驱除装置、水温控制装置、浓缩氧制造装置、水观维持装置、SS 分离系统、圆形养鱼槽等，技术优势比较明显[24]，净化水效率高、自动化实现程度高、系统生物集成化性能优良。日本主要在广岛循环水养殖中心发展循环水的养殖，养殖品种有真鲷、东方鲀、石斑鱼、马面鲀、日本对虾等。经过多年的使用，日本研发的该系统能够稳定运行，且回报率高，成功地解决了 NO_2^- 浓度偏高及 pH 降低这些在别的系统中常出现的问题。

参 考 文 献

[1] 宿墨，宋奔奔，吴凡. 鲆鲽类半封闭循环水养殖系统运行效果评价[J]. 水产科技情报，2013，40（1）：27-31.

[2] 国家鲆鲽类产业技术研发中心. 国家鲆鲽类主业技术体系年度报告 2010[M]. 青岛：中国海洋大学出版社，2011.

[3] 张龙. 凡纳滨对虾中间培育密度及循环水养殖系统研究[D]. 上海：上海海洋大学，2019.

[4] 张龙，陈钊，汪鲁，等. 凡纳滨对虾循环水养殖系统应用研究[J]. 渔业现代化，2019，46（2）：7-14.

[5] 穆珂馨，赵振良，孙桂清. 全封闭循环海水工厂化养殖水处理系统效果研究[J]. 河北渔业，2012（2）：19-20，46.

[6] 王真真，赵振良. 大菱鲆循环水工厂化养殖系统及其应用研究[J]. 水产科学，2013，32（6）：333-337.

[7] 马元庆，李斌，邢红艳，等. 刺参育苗水体的水质分析及重金属的生物富集研究[J]. 中国渔业质量与标准，2014，4（4）：27-32.

[8] 姜玉声，王秋一，刘庆坤，等. 海参自净式养殖系统的设计与应用[J]. 渔业现代化，2010，37（4）：27-30.

[9] 刘邦辉，方彰胜，王广军，等. 罗非鱼精养池塘陆基微循环工厂化生态养殖技术研究[J]. 广东农业科学，2016，43（2）：144-149.

[10] 李华，田道贺，刘青松，等. 间歇式双循环工厂化养殖系统构建及其养殖效果[J]. 农业工程学报，2020，36（13）：299-305.

[11] 田道贺. 间歇式双循环工厂化养殖系统构建及应用[D]. 舟山：浙江海洋大学，2019.

[12] 杨德国，危起伟，朱永久，等. 中华鲟苗种工厂化养殖系统设计与应用[J]. 渔业现代化，2007（3）：1-3，7.

[13] 牛化欣，马甡. 环境友好型循环海水养殖精养系统初探[J]. 科学养鱼，2008（3）：44-45.

[14] 宋协法，李强，彭磊，等. 半滑舌鳎封闭式循环水养殖系统的设计与应用[J]. 中国海洋大学学报（自然科学版），2012，42（10）：26-32.

[15] 刘超. 四种海水鱼陆海接力养殖设施与工艺的试验研究[D]. 上海：上海海洋大学，2015.

[16] 周游. 半滑舌鳎循环水系统工艺与运行参数优化研究[D]. 青岛：中国海洋大学，2013.

[17] 马绍赛，曲克明，朱建新. 海水工厂化循环水工程化技术与高效养殖[M]. 北京：海洋出版社，2018.

[18] 吴垠，孙建明，柴雨，等. 多层抽屉式循环水幼鲍养殖系统及养殖效果[J]. 农业工程学报，2012，28（13）：185-190.

[19] 刘晃，张宇雷，吴凡，等. 美国工厂化循环水养殖系统研究[J]. 农业开发与装备，2009（5）：10-13.

[20] 罗国强，王琴，牛江波. 北欧循环水养殖模式启示录[J]. 科学养鱼，2017（8）：21.

[21] 渔机. 丹麦循环水养殖系统研究应用取得成效[N]. 中国渔业报，2014-4-21（A03）.

[22] 张成林，张宇雷，刘晃. 挪威渔业及大西洋鲑养殖发展现状及启示[J]. 科学养鱼，2019（9）：83-84.

[23] 丁建乐，鲍旭腾，梁澄. 欧洲循环水养殖系统研究进展[J]. 渔业现代化，2011，38（5）：53-57.

[24] 李竟超. 循环水养殖调温系统技术研究[D]. 上海：上海海洋大学，2018.